FORSCHUNGSBERICHTE DES LANDES NORDRHEIN-WESTFALEN

Nr. 2181

Herausgegeben im Auftrage des Ministerpräsidenten Heinz Kühn
vom Minister für Wissenschaft und Forschung Johannes Rau

AF783393

Prof. Dr. Eugen Kappler, Münster

*Dr. Werner Uelhoff, Münster**

Dipl.-Phys. Horst Fehmer, Münster

Dipl.-Phys. Friedrich Abbink, Münster

Physikalisches Institut der Universität Münster

Herstellung von Kupfereinkristallen kleiner Versetzungsdichte

SPRINGER FACHMEDIEN WIESBADEN GMBH 1971

* Jetzt: Institut für Festkörperforschung der Kernforschungsanlage Jülich GmbH, Jülich

ISBN 978-3-531-02181-2 ISBN 978-3-663-19754-6 (eBook)
DOI 10.1007/978-3-663-19754-6
© 1971 by Springer Fachmedien Wiesbaden
Ursprünglich erschienen bei Westdeutscher Verlag GmbH, Opladen 1971

Gesamtherstellung: Westdeutscher Verlag

Inhalt

1. Einleitung. Methoden zur Herstellung metallischer Einkristalle und die möglichen Ursachen der Gitterdefekte beim Kristallwachstum

Die Herstellung größerer metallischer Einkristalle erfolgt üblicherweise durch *gerichtete Erstarrung* der Schmelze [1, 2]. Auf diesem Prinzip basieren alle gebräuchlichen Methoden, wie das Bridgman-Verfahren, das Zonenschmelzverfahren im horizontalen Schiffchen, das tiegelfreie Zonenschmelzverfahren, das Czochralski-Verfahren und das bei sehr hochschmelzenden Stoffen angewandte Verneuil-Verfahren.

Zur Züchtung von Kupfer-Kristallen wurde bisher vorzugsweise das Bridgman-Verfahren und nur in vereinzelten Fällen (s. u.) das Czochralski-Verfahren angewandt. Beim *Bridgman-Verfahren* (Abb. 1a)* ist im vertikal aufgestellten Rohrofen ein Tiegel aufgehängt, der die Metallschmelze enthält. Der Tiegel wird mit geeigneter Geschwindigkeit herabgelassen. Hierbei erfolgt eine einseitige Erstarrung der Schmelze von unten nach oben. Das *Czochralski-Verfahren* (Abb. 1b) ermöglicht die tiegelfreie Herstellung von Einkristallen. Das in einem Tiegel befindliche Material wird mit einem Widerstands- oder Induktionsofen zum Schmelzen gebracht. Darauf wird ein Impfling in die Schmelze getaucht und langsam nach oben gezogen. Infolge der Oberflächenspannung wird bei geeigneter Temperatur und Ziehgeschwindigkeit die Schmelze anhaften und auf Grund der Wärmeableitung durch die Zugspindel dicht oberhalb der Schmelzoberfläche erstarren.

Alle Einkristalle, sowohl die natürlichen als auch die synthetischen, weichen vom idealen Kristallbau mehr oder weniger ab. Sie enthalten Gitterstörungen, die beim Kristallwachstum entstanden sind. Zahl und Anordnung der im Kristall enthaltenen Baufehler bestimmen die sog. *Grundstruktur*, die ihrerseits die strukturempfindlichen Eigenschaften der Kristalle beeinflußt.

Man unterscheidet zweckmäßigerweise: nulldimensionale Fehlstellen wie Leerstellen, Zwischengitteratome und Fremdatome; eindimensionale Störungen (Versetzungen); zweidimensionale Störungen wie Kleinwinkelkorngrenzen, Stapelfehler und Zwillingsgrenzen; dreidimensionale Störungen, insbesondere als Agglomerate nulldimensionaler Fehlstellen wie Poren, Ausscheidungen und Mikroseigerungen.

Das oben beschriebene Bridgman-Verfahren, welches üblicherweise zur Züchtung von Metallkristallen nicht allzu hohen Schmelzpunktes angewandt wird (bis etwa 1500° C), liefert im allgemeinen sehr unvollkommene Kristalle mit relativ hoher Versetzungsdichte ($10^6 \div 10^8$ cm^{-2}) und Substruktur [3]. Durch günstige Wachstumsbedingungen lassen sich jedoch auch mit dem Bridgman-Verfahren Einkristalle höherer Perfektion herstellen. So berichtet Young [4] über Kristalle aus spektroskopisch reinem Kupfer (99,999% Cu): Einige von insgesamt 350 hergestellten Kristallen waren substrukturfrei und hatten Versetzungsdichten von 10^3 cm^{-2} und weniger. Zumeist wurden jedoch Kleinwinkelkorngrenzen und Versetzungsdichten von ca. $5 \cdot 10^3$ cm^{-2} beobachtet. Zu ähnlichen Ergebnissen kommt Dyer [5], der geimpfte Kristalle (Kristallachse in [100]-Richtung) ebenfalls nach dem Bridgman-Verfahren herstellte. Die besten Kristalle dieses Autors haben Versetzungsdichten von $(1 \div 2) \cdot 10^4$ cm^{-2}, vereinzelt sind sie auch substrukturfrei. Die zur Züchtung von Zink-Einkristallen von Chyung und Taylor [6] verwendete Technik des »weichen Tiegels« (siehe hierzu S. 8) war dagegen sehr erfolgreich: Die Einkristalle waren immer frei von Kleinwinkelkorngrenzen und hatten Versetzungsdichten von $(4 \div 9) \cdot 10^4$ cm^{-2}.

* Die Abbildungen stehen im Anhang ab Seite 44.

Die Anwendung des Czochralski-Verfahrens zur Herstellung von Kupfer-Kristallen hat nicht ohne weiteres eine erhebliche Verbesserung der Kristallperfektion zur Folge. Von Porbansky [7] nach diesem Verfahren durch Wachstumsauslese (polykristalliner Impfling) hergestellte Kristalle hatten sehr hohe Versetzungsdichten von 10^7 bis 10^8 cm^{-2}, obwohl das Widerstandsverhältnis $R_{4,2}/R_{273\,K}$ von 1000 bis 8000 für eine hohe chemische Reinheit der Kristalle spricht. Von Petroff und Washburn [8] wurden mit dem Czochralski-Verfahren Kupfereinkristalle mit 2,5 cm Durchmesser und [111]-Richtung als Kristallachse gezogen. Diese Kristalle hatten Versetzungsdichten von 10^5 cm^{-2}. Die von Elbaum [9] aus der Schmelze gezogenen dünnen karottenförmigen Aluminium-Einkristalle waren dagegen in ihrem unteren dünnen Teil (bis 0,3 mm Durchmesser) versetzungsfrei. Es sei erwähnt, daß substrukturfreie, blechförmige, 1 mm dicke Aluminium-Einkristalle von Nøst [10] durch Rekristallisation hergestellt wurden.

Eine Verringerung der Versetzungsdichte von Kupfer-Einkristallen um 1 bis 2 Zehnerpotenzen ist durch eine sich über Tage oder Wochen erstreckende Glühbehandlung nahe am Schmelzpunkt möglich [4, 7].

Insgesamt zeigen die angeführten Ergebnisse, daß die Züchtung sehr versetzungsarmer und substrukturfreier großer Metalleinkristalle wesentlich mühsamer als bei den Halbleitern ist (in gleicher Weise gilt dieses für Ionen-Kristalle). Denn schon im Jahre 1958 gelang Dash [11] die Herstellung großer *versetzungsfreier* Si-Einkristalle; 1959 gab Okkerse [12] eine Methode zur Herstellung versetzungsfreier Germanium-Kristalle an. Die Züchtung versetzungsfreier Einkristalle aus diesen Halbleitern wird heute industriemäßig durchgeführt. Neuerdings werden auch versetzungsfreie Kristalle aus III-V-Verbindungen wie z. B. Gallium-Arsenid [13] gezüchtet.

Von Elbaum [14] wurde darauf hingewiesen, daß die wesentlich größeren Schwierigkeiten bei der Züchtung nahezu perfekter Metallkristalle durch die niedrigere *Versetzungsenergie* bedingt ist, so daß die Erzeugung von Versetzungen in metallischen Einkristallen durch irgendeinen Mechanismus wesentlich leichter möglich ist als bei den Halbleitern (die Versetzungsenergie bei Silizium ist etwa fünfmal größer als bei Kupfer). Ferner ist die *Versetzungsbeweglichkeit* bei Metalleinkristallen [15] größer als bei Halbleiterkristallen [16]. Da bei Raumtemperatur die Versetzungen in Germanium- und Silizium-Kristallen sogar völlig unbeweglich sind, entfallen hierbei alle Probleme der Handhabung und auch weitgehend die der Präparation (siehe hierzu S. 20).

In der Literatur wird eine Vielzahl von Mechanismen diskutiert, die sich mit der Entstehung von Gitterfehlern beim Kristallwachstum aus der Schmelze befassen. In Abb. 2 sind diese Mechanismen einschließlich ihrer kausalen Zusammenhänge dargestellt. Es ist allerdings zu bemerken, daß diese Mechanismen nur erklären, wie Versetzungen entstehen können, jedoch nicht unbedingt entstehen müssen. Ihre quantitative Behandlung führt daher nur zu einer Abschätzung der oberen Grenze der Versetzungsdichte.

Nach Abb. 2 wird die Grundstruktur zunächst bestimmt durch die Mechanismen, die zur *Entstehung* von Versetzungen führen. Diese sind: Leerstellenkondensation [17, 14, 9], durch die sich auch Poren bilden können [18, 19]; Entstehung von Schraubenversetzungen durch Gitterschwingungen [20]; fehlorientierter Einbau von Wachstumskeimen [21]; Oberflächen- und Volumenindentation [22] (Eindringen eines Fremdkörpers in die Kristalloberfläche bzw. Einbau von Fremdkörpern in das Gitter, z. B. durch Präzipitation [23, 24]); Dendritenwachstum [25]. Hinter der Phasengrenze laufen jedoch wegen der hohen Temperatur, auf der sich der wachsende Kristall befindet, weitere Prozesse ab (Versetzungsklettern, Versetzungsreaktionen, Multiplikation), welche die endgültige Grundstruktur bestimmen. Durch diese *Folgeprozesse* wird die Fragestellung nach der eigentlichen Versetzungsentstehung wesentlich erschwert. Nach eingehenden

Untersuchungen der *Chalmers-Schule* [26] führt die bei *verunreinigten Schmelzen* durch die Grenzflächen-Morphologie bedingte Mikrosegregation zu konstitutionellen Spannungen, die entweder zur Entstehung von Stufenversetzungen [27] oder zur Multiplikation führen können.

Einen wesentlichen Hinweis auf die Ursache der hohen Versetzungsdichten von Kupfer-Einkristallen, die nach dem Bridgman-Verfahren im harten Tiegel hergestellt wurden, ergaben von uns durchgeführte röntgenographische Untersuchungen [28]. Diese zeigten, daß die beim Wachsen mit dem Tiegel in Kontakt gewesene Kristalloberfläche in einer etwa 500 μ starken Schicht wesentlich stärker gestört ist als das Kristallinnere. Ferner wurden nach dem Zonenschmelzverfahren im horizontalen Schiffchen Kupfereinkristalle gezüchtet. Auf der freien gewachsenen Oberfläche dieser Kristalle wurden die für die Bridgman-Kristalle typischen Oberflächenstrukturen nicht festgestellt [29].

Auf Grund dieser Untersuchungen war anzunehmen, daß eine wesentliche Voraussetzung zur Herstellung nahezu perfekter Kupfer-Einkristalle die Verwendung von Verfahren ohne Tiegel (Czochralski-Verfahren) oder aber zumindest der Methode des weichen Tiegels sein würde. In Abschnitt 5 dieser Arbeit wird gezeigt werden, daß diese Vermutungen bestätigt wurden. In Abschnitt 2 wird zuvor die Züchtung nahezu perfekter Kristalle (Versetzungsdichte 10^3 bis 10^4 cm^{-2}) mit dem Bridgman-Verfahren im weichen Tiegel und in Abschnitt 3 die Herstellung von Einkristallen extrem niedriger Versetzungsdichte mit dem Czochralski-Verfahren beschrieben.

Eine notwendige Voraussetzung zur Untersuchung der Kristalle war die Entwicklung von Verfahren zur zerstörungsfreien Bearbeitung von Kupfer-Einkristallen, sei es zum Schneiden, Planen oder Polieren. Infolge ihrer hohen Empfindlichkeit hinsichtlich mechanischer Verformung und der hierdurch bedingten wesentlichen Erhöhung der Versetzungsdichte sind zur Bearbeitung nur chemische oder elektro-chemische Verfahren bei äußerst vorsichtiger Handhabung der Einkristalle geeignet. Diese Bearbeitungsverfahren werden in Abschnitt 4 beschrieben. Die Frage nach der Defektentstehung beim Wachstum von Kupfer-Kristallen wird schließlich in Abschnitt 6 in Zusammenhang mit unseren Versuchsergebnissen diskutiert.

2. Die Züchtung von versetzungsarmen Kupfer-Kristallen nach dem Bridgman-Verfahren im weichen Tiegel

a) Aufbau der Bridgman-Apparatur

Die bei diesem Verfahren entsprechend Abb. 1a verwendete Apparatur ist nur wenig aufwendig. Sie besteht aus einem 600 mm langen Rohrofen mit einer lichten Weite von 60 mm. Ohne Tiegel hat der Ofen – bei einer Maximaltemperatur von 1150°C in Ofenmitte – an der Stelle, wo die Temperatur auf 1083°C abgefallen ist (Schmelzpunkt des Kupfers) einen Temperaturgradienten von 10°C/cm. Zur Temperaturregelung wird ein Fallbügelregler benutzt. Dieser ermöglicht bei optimaler Einstellung der Stark-Schwach-Regelung eine Temperaturkonstanz von ± 3°C im Ofen und weniger als $\pm 0{,}5$°C im Tiegel.

Der Rohrofen ist durch ein unten angesetztes Stahlrohr, in das der Tiegel nach dem Passieren der Schmelzzone hineingleitet, verlängert und zur Vermeidung von Konvektion beidseitig mit 1 cm dicken Asbest-Platten abgedeckt.

Zum langsamen Absenken des Tiegels im Ofen wird wahlweise ein Synchronmotor mit umschaltbarem Getriebe oder ein regelbarer Gleichstrommotor verwendet.

b) Die Technik der Kristallzüchtung. Tiegel, Rohling, Verfahren

Für die Untersuchungen wurden vier verschiedene Arten von *Graphittiegeln* verwendet. Die Herstellung versetzungsarmer Einkristalle erfolgt in dem in Abb. 3a gezeigten »weichen« Tiegel. Der Kupfer-Rohling ist hierbei in festgestampftes Graphitpulver eingebettet. Zu Vergleichszwecken wurden im harten Tiegel (Abb. 3b), wie er schon früher verwendet wurde, Einkristalle hergestellt. Um festzustellen, unter welchen Bedingungen Feinkorngrenzen in einen Kristall hinein- bzw. aus ihm herauswachsen können, wurden Versuche mit den in Abb. 3c und 3d dargestellten Kombinationen von hartem und weichem Tiegel vorgenommen. Der äußere Durchmesser der Graphittiegel betrug 30 mm, die Wandstärke der Tiegel in Abb. 3a 3 mm. Die Graphittiegel sind zur Verringerung der Oxidation von einem Schutztiegel aus hochhitzebeständigem Edelstahl umgeben (Wandstärke 5 mm). Das verwendete Tiegelmaterial war Graphit der Qualität Carbopur 1 S, das Pulver Spektralkohlepulver Carbopur 1 A (beides von der Firma Schunk und Ebe, Gießen). Es ist zu bemerken, daß die Tiegelabmessungen einen wesentlichen Einfluß auf die Versuchsergebnisse haben.
Der Rohling. Als Ausgangsmaterial diente vorzugsweise 5-neuner-Kupfer der Firma Johnson, Matthey u. Co., London bzw. ASARCO-Kupfer. Daneben wurde auch technisch reines Kupfer und Elektrolytkupfer (Firma OKD, Osnabrück) verwendet. Da bei der Technik des »weichen« Tiegels die Form des Kristalles durch die des Rohlings bestimmt ist, werden die gewünschten Formen mechanisch hergestellt. Die Gestalt zylindrischer Proben ist Abb. 3 zu entnehmen. Für die Untersuchungen wurden (abweichend von Abb. 3) variiert:

1. der Kristalldurchmesser: 5 mm, 10 mm, 15 mm
2. die Form der Spitze: S-förmig gebogen, gerade
3. die Länge der geraden Spitze: 5 mm bis 30 mm

Außerdem wurden Proben mit quadratischem oder andersartigem Querschnitt hergestellt (Abb. 4). Vor seiner Verwendung wird der Rohling zur Entfernung von Oxid und Schmutz in HNO_3 abgeätzt.
Die in Abschnitt 5 angeführten Ergebnisse wurden erzielt, nachdem die *Beschickung des Tiegels* in folgender Weise vorgenommen wurde. Zuerst füllt man sukzessive Graphitpulver in den Tiegel und stampft dieses mit einem geeigneten Werkzeug aus Reinstkupfer fest, ohne besonderen Druck auszuüben. Ist der Tiegel etwa zur Hälfte gefüllt, so setzt man den Rohling in das bereits festgestampfte Pulver, so daß sich das Kopfende einige Millimeter unterhalb des Tiegelrandes befindet. Nun wird weiter Graphitpulver eingefüllt und mit einem Werkzeug, das der Form des Rohlings angepaßt ist, um die Probe festgestampft. Bei diesem Vorgang sollte die Probe bereits festsitzen und in der Folge auch nicht tiefer gleiten. Wenn der Rohling ganz in Graphitpulver eingebettet ist, treibt man ihn noch etwa 5 mm tiefer hinein. Dadurch entsteht oben ein Hohlraum mit dem Durchmesser der Probe. Nach dem Aufschmelzen bekommt der Kristall auf diese Weise eine gleichmäßig ausgebildete Kuppe. – Der Erfolg dieser »Stopftechnik« ist im wesentlichen dadurch bestimmt, wie fest das Pulver gestampft ist. Ist es an einer Stelle zu locker, so wird dort der Kristall durch den hydrostatischen Druck der Schmelze breiter. Ist es lokal zu fest, so schnürt sich an dieser Stelle unter dem erhöhten Druck des Pulvers die Schmelze ein: Der Kristall wird dünner und erhält zusätzlich eine sehr rauhe Oberfläche.

Versuchsführung. Wird der mit einer Spitze nach Abb. 3 versehene Rohling bei 1150°C vollständig aufgeschmolzen und anschließend mit konstanter Geschwindigkeit abgesenkt, so erhält man Einkristalle, bei denen sich die Orientierung von Kristall zu Kristall ändert. Zum Wachstum von versetzungsarmen substrukturfreien Kristallen bewährte sich eine Senkgeschwindigkeit von 4 cm/h für einen Kristalldurchmesser von 10 mm; für andere Kristalldurchmesser erwies es sich als notwendig, die Senkgeschwindigkeit proportional dem reziproken Kristallquerschnitt zu variieren. Die Kristallisation setzt bei dieser Methode in der Spitze des Rohlings ein: man erhält *Kristalle aus einem Keim.* – Wird der Rohling nur partiell aufgeschmolzen, so erhält man bei der obigen Senkgeschwindigkeit infolge sekundärer Rekristallisation im nicht aufgeschmolzenen Teil grobkörniges Gefüge und hieraus durch *Wachstumsauslese* ebenfalls Einkristalle.

Gleichorientierte Kristalle (einkristallin geimpfte) wurden nach folgenden Verfahren hergestellt. Von einem Kristall der gewünschten Orientierung wird ein Stück von 40 mm Länge abgesägt, die Schnittfläche wird plangedreht und anschließend bis auf eine Tiefe von 5 mm angebohrt, so daß man eine gute Passung für die Spitze des anzuschmelzenden Rohlings erhält. Impfkristall und Rohling werden aneinandergesetzt. Bei der Beschickung des Tiegels, der einen abschraubbaren Boden hat, wird zuerst der Rohling in das Graphitpulver eingebettet, indem man vom unteren Ende des Tiegels aus stampft. Der Tiegel wird so tief in den Ofen gehängt, daß der Rohling vollständig, der Impfling aber nur zum Teil aufgeschmolzen wird. Die Schmelze wächst jedoch nur dann orientiert auf dem nicht geschmolzenen Teil des Impflings auf, wenn man aus der Null-Lage die Senkgeschwindigkeit nach folgendem Schema in mehreren Stufen auf den Endwert bringt (Zeitpunkt $t = 0$: Ofen hat Solltemperatur von 1150°C erreicht):

t [min]	v [cm/h]
0 bis 40	0
40 bis 80	0,8
80 bis 120	1,25
120 bis 160	1,8
160 bis 200	2,8
200 bis Ende	4,0

Nach erfolgtem Ziehprozeß und Abkühlen des Ofens werden die Kristalle aus dem Tiegel genommen, indem man das Graphitpulver vorsichtig auflockert und den Einkristall herausgleiten läßt. Die anhaftende Graphitschicht wird in HNO_3 (50%) abgeätzt. Die Orientierung der Kristalle läßt sich im Groben erkennen durch orientiertes Anätzen.

c) Ergebnisse. Geometrie, Oberfläche und Struktur der Kristalle

Mit der Methode des »weichen« Tiegels erhielten wir durch vollständiges Aufschmelzen immer dann makroskopisch fehlerfreie Einkristalle, wenn die Spitzenlänge mindestens 10 mm betrug. In Abschnitt 5b wird gezeigt, daß diese Kristalle bei Verwendung von Reinstkupfer frei von Kleinwinkelkorngrenzen sind und Versetzungsdichten von 10^3 bis 10^4 cm^{-2} haben. Gleiche Versetzungsdichten haben Einkristalle, die durch partielles Aufschmelzen gezüchtet wurden.

Bei Reduktion der Spitzenlänge auf 5 mm erhält man im weichen Tiegel polykristalline Proben mit sehr grobkörnigem Gefüge (Korngröße bis einige cm), aus dem schließlich, wie in Abb. 4a zu erkennen ist, ein einzelnes Korn bis zum oberen Kristallende weiterwächst.

Die übrigen in Abb. 4 gezeigten Einkristalle sind dagegen makroskopisch fehlerfrei. Zugleich sieht man eine Auswahl der möglichen Formen. Die *Durchmesserkonstanz* der Kristalle beträgt mindestens 1% (unter optimalen Bedingungen hinsichtlich der Tiegelbeschickung).
Eine ungewöhnliche Abweichung von dieser Ebenmäßigkeit zeigten immer Kristalle aus *Elektrolytkupfer* und *technisch reinem Kupfer* (Abb. 5). An den sonst zylindrischen Kristallen sind nur über einige dünne Kanäle ein oder zwei blattartige Auswüchse zu beobachten. Es wird vermutet, daß der Gehalt an Sauerstoff in diesen Kupfersorten die Ursache für die Entstehung dieser Blätter ist, indem auf Grund dieses Sauerstoffs eine lokale Oxidation des Kohlepulvers erfolgt, so daß anschließend Kupferschmelze in die im Graphitpulver entstandene Lücke eindringen kann (bei Verwendung eines harten Tiegels erhält man beim erstmaligen Schmelzen mit beiden Kupfersorten keine Einkristalle; beim zweitmaligen Schmelzen im weichen Tiegel wurde keine erneute Entstehung der Blätter beobachtet). Diese aus Kupfer geringen Reinheitsgrades gezüchteten Einkristalle zeigen Mikroseigerungen; sie sind aber ebenfalls subkornfrei und haben Versetzungsdichten von etwa $2 \cdot 10^4\ \mathrm{cm}^{-2}$ (S. 29).
Die *Orientierungen* der nicht geimpften Einkristalle sind wie bei den im harten Tiegel gezüchteten Einkristallen im wesentlichen über das gesamte Orientierungsdreieck verteilt.
Die durch *einkristalline Impflinge* im weichen Tiegel gezüchteten Kristalle sind zwar wesentlich besser als die im harten Tiegel hergestellten, enthalten jedoch immer noch Subkorngrenzen (S. 29).

3. Die Züchtung von Kupfer-Kristallen extrem niedriger Versetzungsdichte mit dem Czochralski-Verfahren

a) Kristallgeometrie und Wachstumsbedingungen beim Czochralski-Verfahren

Beim Czochralski-Verfahren ist die Geometrie der Kristalle, insbesondere der Durchmesser, eine Funktion der Temperaturverhältnisse im wachsenden Kristall und Umgebung, der Ziehgeschwindigkeit und der Benetzungsverhältnisse Kristall–Schmelze.
Der Benetzungswinkel Kristall–Schmelze ist für Kupfer fast orientierungsunabhängig und etwa 0°. Diese Orientierungsunabhängigkeit und vollkommene Benetzbarkeit bedeutet, daß der Kristallquerschnitt bei Kupferkristallen immer rund ist. Durch polygonales Wachstum entstehende Schwierigkeiten, wie sie z. B. bei Ionenkristallen auftreten, sind also nicht zu erwarten.
Der Kristalldurchmesser an der Phasengrenze ist abhängig von der momentanen Geometrie der Schmelzzone (Abb. 6). Nach Geist und Grosse [30] wächst der Kristall nur dann mit konstantem Durchmesser (»stationäres Wachstum«), wenn die Tangenten-Richtung an den Schmelzmeniskus in Höhe der Phasengrenze vertikal ist. Dann ist die Höhe der Phasengrenze $h = h_{\|}$. Dabei ist nach Heywang [31] $h_{\|}$ im wesentlichen bestimmt durch Oberflächenspannung σ und Dichte ϱ der Schmelze gemäß

$$h_{\|} = \sqrt{\frac{2 \cdot \sigma}{\varrho \cdot g}} \cdot \sqrt{\frac{1}{1 + \frac{\sqrt{\frac{\sigma}{\varrho \cdot g}}}{r_K}}} \tag{1}$$

wobei r_K der Kristallradius ist. Mit $r_K = 0{,}5$ cm, $\varrho = 8{,}9$ g · cm^{-3} und $\sigma = 1082$ dyn · cm^{-1} erhält man für Kupfer: $h_{\|} = 3{,}8$ mm.

Die wirkliche Höhe h der Phasengrenze wird jedoch durch Schmelzentemperatur T_L und Ziehgeschwindigkeit v beeinflußt. Daher besteht die Möglichkeit, den Kristalldurchmesser in weiten Grenzen zu variieren und Kristalle mit konstantem Durchmesser zu ziehen. Die sich hieraus ergebenden Anforderungen an die Regelung der Schmelzentemperatur und der Ziehgeschwindigkeit werden im folgenden abgeleitet. Grundlegend hierfür ist die Wärmebilanz Schmelze–Kristall–Umgebung (Abb. 7).

Sei

T_M die Erstarrungstemperatur
Q_1 die in den Kristall eintretende Wärmeleistung
Q_2 die an der Phasengrenze frei werdende Erstarrungswärme pro Zeiteinheit
Q_3 die vom Kristallkörper abgestrahlte Wärmeleistung
Q_4 die durch den Hals AB in den Impfling abgeleitete Wärmeleistung

dann gilt

$$Q_1 + Q_2 = Q_3 + Q_4 \tag{2}$$

Bei vernachlässigbarem radialen Temperaturgradienten im Kristall ist

$$Q_1 = -q\,\gamma_L \left(\frac{\partial T}{\partial x}\right)_{T_M,\,L} \tag{3}$$

$$Q_2 = q\,L\,\varrho\,v \tag{4}$$

Dabei ist q der zeitabhängige Querschnitt, γ_L die Wärmeleitfähigkeit der Schmelze, $\left(\frac{\partial T}{\partial x}\right)_{T_M,\,L}$ der Temperaturgradient in der Schmelze an der Phasengrenze und L die Erstarrungswärme des Kupfers.

Der Gradient in der Schmelze nahe der Phasengrenze ist im wesentlichen bestimmt durch die Meniskushöhe h und die Schmelzentemperatur T_L, so daß angenähert gilt:

$$\left(\frac{\partial T}{\partial x}\right)_{T_M,\,L} = \frac{T_M - T_L}{h} \tag{5}$$

Die Gl. (2) bis (5) werden für stationäres Wachstum ($h = h_{\|}$) zusammengefaßt zu

$$q\,\gamma_L \frac{T_L - T_M}{h_{\|}} + q L \varrho v = Q_3 + Q_4 \tag{6}$$

Aus Gl. (6) ergeben sich folgende Feststellungen:

1. Bei konstanter Schmelzentemperatur T_L und Ziehgeschwindigkeit v wächst der Kristall nur dann mit konstantem Querschnitt q, wenn während des Versuches $Q_3 + Q_4$ konstant bleibt. Die Erfahrung zeigte jedoch bei unseren Versuchen, daß die Kristalle im Durchmesser allmählich zunehmen, so daß Q_3 stärker wächst als Q_4 abnimmt. Die hiermit verbundene Vergrößerung von q (Dickerwerden) läßt sich vermeiden, wenn T_L kontinuierlich und angemessen erhöht wird (Erhöhung von Q_1, wie es Gl. (6) verlangt, jedoch bei konstantem q). *Erfahrungsgemäß ist ein linearer Anstieg von T_L mit einer der Ziehgeschwindigkeit entsprechenden Änderungsgeschwindigkeit ausreichend* (s. S. 18).

2. Eine im Vergleich zum Ziehprozeß *schnell erfolgende Änderung der Schmelzentemperatur* T_L (Temperaturschwankungen) läßt zunächst $Q_3 + Q_4$ konstant. Werde T_L von $T_{L,1}$ auf $T_{L,2}$ erhöht, so wird q_1 auf q_2 verkleinert, so daß gilt

$$q_1 \left[\gamma_L \frac{T_{L,1} - T_M}{h_{\|}} + L\varrho v\right] = q_2 \left[\gamma_L \frac{T_{L,2} - T_M}{h_{\|}} + L\varrho v\right] = Q_3 + Q_4 \quad (7)$$

Das Einstellen des »neuen« Querschnittes q_2 geschieht über ein zunächst erfolgendes instationäres Wachstum entsprechend Abb. 6. Mit

$$\Delta T = T_{L,2} - T_{L,1} \quad (8)$$

$$q_1 = \frac{d_1^2 \cdot \pi}{4}; \qquad q_2 = \frac{d_2^2 \cdot \pi}{4} \quad (9)$$

erhält man als Verhältnis der Durchmesser d_1 und d_2, die sich bei den Temperaturen $T_{L,1}$ und $T_{L,2}$ einstellen:

$$\frac{d_1}{d_2} = \left(\frac{\gamma_L \frac{T_{L,2} - T_M}{h_{\|}} + L\varrho v}{\gamma_L \frac{T_{L,1} - T_M}{h_{\|}} + L\varrho v} \right)^{\frac{1}{2}} \quad (10)$$

Da bei unseren Versuchen

$$Q_2/Q_1 \approx 0{,}01 \div 0{,}08 \quad (11)$$

war [32], so folgt näherungsweise

$$\frac{d_1}{d_2} = \left(1 + \frac{\Delta T}{T_{L,1} - T_M}\right)^{\frac{1}{2}} \quad (12)$$

Bei Kristallen mit Durchmessern von etwa 1 cm liegt die Schmelzentemperatur etwa 10 °C über dem Schmelzpunkt T_M. Nach Gl. (12) hat dementsprechend eine Änderung von T_L um 1 °C eine Durchmesseränderung von 5% zur Folge. Durch Messungen wurde Gl. (12) bestätigt [33].

Sollen nun die unkontrollierten Durchmesseränderungen etwa unter 1% gehalten werden, so ist es erforderlich, die Temperatur der Schmelze bis auf ±0,15 °C genau auf einem vorgegebenen Sollwert zu halten. Dieser ist während des Ziehvorganges kontinuierlich so zu verändern, daß der Kristall zunächst mit dem Flaschenhals versehen wird. Anschließend ist zur Konstanthaltung des Durchmessers, wie oben gezeigt, eine lineare geringfügige Temperaturerhöhung erforderlich. Zunächst ohne Temperaturregelung durchgeführte Ziehversuche zeigten bei konstanter Heizleistung, daß sich die Temperatur der Schmelze innerhalb eines Bereiches von ca. 150 °C unkontrollierbar änderte. Um Kristalle genügend konstanten Durchmessers (etwa 1%) ziehen zu können, war es daher erforderlich, eine Regeleinrichtung für die Temperatur der Schmelze zu entwerfen, die diese Temperaturschwankungen auf zumindest den 500sten Teil ihres ursprünglichen Wertes reduziert. Ihre Beschreibung erfolgt in Abschnitt 3c).

3. Der *Einfluß der Ziehgeschwindigkeit* auf den Kristalldurchmesser ergibt sich ebenfalls aus Gl. (6):

$$\frac{d_1}{d_2} = \left(\frac{\gamma_L \frac{T_L - T_M}{h_{\|}} + L\varrho v_1}{\gamma_L \frac{T_L - T_M}{h_{\|}} + L\varrho v_2} \right)^{\frac{1}{2}} \quad (13)$$

Dabei ist d_2 der Kristalldurchmesser, der sich einstellt, wenn die Ziehgeschwindigkeit plötzlich von v_1 auf v_2 erhöht bzw. erniedrigt wird; d_1 ist der Ausgangs-Durchmesser. Bei den für Kupfer üblichen Ziehgeschwindigkeiten ist nach Gl. (13) unter Beachtung von Gl. (11) zu erwarten, daß diese Größe die Geometrie nicht allzusehr beeinflußt. Experimentell wurde bei einem nahezu zylindrisch wachsenden Kristall mit dem Durchmesser $d_1 = 0{,}865$ cm die Ziehgeschwindigkeit von $v_1 = 3$ cm/h auf $v_2 = 12$ cm/h erhöht. Nach Gl. (13) sollte diese Änderung der Ziehgeschwindigkeit eine Durchmesseränderung von 2,5% (bezogen auf d_1) bewirken. Die am Kristall gemessene Durchmesseränderung betrug 7,4% (Abb. 14f.). Aus Rechnung und Messung kann also gefolgert werden, daß bei Ziehgeschwindigkeiten von einigen cm/h keine hohen Anforderungen an deren Konstanz gestellt werden müssen.

b) Die Kristall-Ziehapparatur

Die Einkristalle können sowohl unter Hochvakuum von $4 \cdot 10^{-6}$ Torr wie auch unter Schutzgas gezogen werden. Der *wassergekühlte* Rezipient (Durchmesser 150 mm) ist mit einem HV-Pumpstand verbunden, der mit einer 500-l-Öldiffusionspumpe ausgerüstet ist. Zwei Baffle, das erste wassergekühlt, das zweite maschinengekühlt (—60°C) sorgen für angenähert ölfreies Vakuum. Das Endvakuum wird nach etwa 5 h erreicht.
Der *Tiegel* hat einen Innendurchmesser von 50 mm und ist aus hochreiner Kohle gefertigt (Carbopur 1 S der Fa. Schunk u. Ebe, Gießen). Er ist innen pyrolytisch gehärtet und ultraschallentstaubt.
Die *Beheizung* des Tiegels erfolgt induktiv. Hierzu wird eine einwindige Induktionsspule verwendet, die sich im Rezipienten befindet und über eine HF-Vakuumdurchführung an den 12-kW-Generator angeschlossen ist.
Die *Ziehspindel* hat einen Durchmesser von 15 mm. Über ein Graphitzwischenstück ist an ihrem unteren Ende der Kristallimpfling befestigt. Mittels einer Dreh-Verschiebedurchführung ist das obere Ende der Spindel nach außen geführt und an die Bohrspindel einer Säulenbohrmaschine angekuppelt. Mit Hilfe dieser Bohrmaschine wird die Zieh- und Rotationsbewegung der Ziehspindel durchgeführt. Schon geringe Erschütterungen der Apparatur verursachen ein Zittern der Schmelzoberfläche; die Kristalle haben dann rauhe Oberflächen und schlechtere Struktur. Deshalb wurden die Antriebsmotoren für die Zieh- und Rotationsvorrichtung vollkommen getrennt angeordnet und mit 2 m langen biegsamen Wellen an die Apparatur angekoppelt. Auf diese Weise konnten die Laufgeräusche der Motoren weitgehend von der Ziehapparatur ferngehalten werden.
Die *Temperaturmessung* der Schmelze wird mit einem Thermoelement durchgeführt (s. unten). Dieses kann von außen in die Schmelze eingetaucht werden.
Durch ein *Fenster* läßt sich der Ziehprozeß kontrollieren. Insbesondere wird hierdurch mit Hilfe eines Fernrohres die Messung des Kristalldurchmessers mit einer Genauigkeit von $\pm 0{,}2$ mm unmittelbar oberhalb der Schmelze ermöglicht.

c) Die Temperaturregelung. Der Aufbau des Regelkreises

Das Blockschaltbild der steuerbaren Temperaturregelung zeigt Abb. 8. Als *Temperaturfühler* wird ein in die Schmelze eintauchendes Thermoelement aus Pt—Pt + 10% Rh mit einem Schenkeldurchmesser von 0,1 mm verwendet. Das äußere Al_2O_3-Schutzrohr hat einen Durchmesser von 1 mm. Der direkte Kontakt des Schutzrohres mit der Schmelze verursacht baldiges Brüchigwerden. Daher wurde ein Kohleröhrchen mit einem Außendurchmesser von 1,6 mm übergeschoben. Infolge der Wärmeableitung durch das Thermoelement erwies sich eine Eintauchtiefe von wenigstens 30 mm als notwendig (erst bei dieser Eintauchtiefe wird die Temperaturanzeige unabhängig von der Eintauchtiefe). Eine der Thermospannung überlagerte Störgleichspannung (proportional der HF-Leistung, bei Soll-Leistung etwa 500 μV) konnte durch geeignete empirische Wahl des Erdpunktes des Temperatur-Meßkreises auf weniger als 2 μV reduziert werden. Die zur Teilkompensation verwendete *mV-Kompensationsspannungsquelle* erzeugt eine variable Gleichspannung bis zu 20 mV mit einer Stabilität von $3 \cdot 10^{-5}$ über 10 h. Sie besteht aus einer zweistufigen Stabilisatorschaltung mit Glimmröhren der Type 85 A 1, wobei die zweite Stufe einschließlich des Präzisionspotentiometers (variabler Spannungsteiler) und der Vergleichslötstelle des Thermoelementes in einem Thermostaten eingebaut sind. Dieser hat eine Temperaturkonstanz von 0,05° C. Infolge der vorher erfolgenden Teilkompensation kann der *automatisch abgleichende mV-Kompensator* (Philips PR 2210 A) in seinem empfindlichsten Meßbereich (1 mV; Ablesegenauigkeit etwa 1 μV) arbeiten und dient als erster Vergleichsort und Regelverstärker (Verstärkung $V = 40000$). Der *Programmregler* (Philips PR 7211) gestattet es in Verbindung mit dem Kompensator während des Ziehprozesses Temperaturprogramme nahezu beliebiger vorgegebener Zeitabhängigkeit in einem Temperaturintervall von ca. 100° C zu fahren. Weitere Führungsglieder sind die *Linearprogrammregler*, zwei motorgetriebene Präzisionspotentiometer, welche eine zeitproportionale Spannung in den Regelkreis einspeisen. Über das *RC-Netzwerk*, dessen Dimensionierung unten ausführlich diskutiert wird, gelangt dann das Signal auf den *elektronischen Regelverstärker* (einstufiger Gleichspannungsverstärker in Brückenschaltung, stabilisierte Gittervorspannung und Gleichspannungsheizung), wird dort 70fach verstärkt und dem *Gitterstromregler* (Philips PR 1653) des *Hochfrequenzgenerators* zugeführt (Philips PR 1012/16; 12 kW). Dieser wird als Heizquelle verwendet und speist aus seinem hochohmigen Ausgang über einen *Hochfrequenzübertrager* die auf kürzestem Wege mit diesem verbundene *Induktionsspule*. Netzspannungsschwankungen werden durch eine Spannungsregelung im Kreis Induktionsspule–HF-Gleichrichter–Gitterstromregler–Generator–HF-Trafo mit einer Beruhigungszeit von weniger als 0,1 sec ausgeregelt (variable Gegenkopplung).

d) Entwurf, Einstellung und Eigenschaften des Temperatur-Regelkreises

Das Verhalten eines Regelkreises kann charakterisiert werden durch die Eigenschaften der Sprungantwort (auf den Eingang des Regelkreises wird eine sprungartige Störung gegeben; die Systemantwort wird bestimmt und durch geeignete Größen charakterisiert).

Das *statische Verhalten* wird gekennzeichnet durch die relative Regelabweichung R_g:

$$R_g = \frac{X_w}{W} \tag{14}$$

wobei X_w die Differenz zwischen Ist- und Sollwert bei geschlossenem Regelkreis und W, die Störung, die gleiche Differenz bei offenem Kreis bedeutet. Die relative Regelabweichung ist durch die Verstärkung V des offenen Kreises gegeben [34]:

$$R_g = \frac{1}{V + 1} \tag{15}$$

Nach dem in Abschnitt 3a) Gesagten darf die absolute Regelabweichung $X_W = T - T_S$ bei unserem Temperaturregelsystem nicht größer als $\pm 0{,}15°$ C sein, wobei jedoch mit Störungen $W = T_W - T_S$ von 150° C zu rechnen ist. Die relative Regelabweichung darf also nur $R_g = \pm 1^0/_{00}$ betragen. Das erfordert nach Gl. (15) eine tausendfache Verstärkung des offenen Regelkreises.

Ob bei der erforderlichen Verstärkung der Regelkreis stabil ist, hängt von seinem *dynamischen Verhalten* ab. Dieses wird im folgenden charakterisiert a) durch die Stärke des ersten Überschwingens $X_{ü}$ über den Ausgleichswert X_{OW}:

$$\delta_{ü} = \frac{X_{ü}}{X_{OW}} \cdot 100\% \tag{16}$$

und b) durch die Beruhigungszeit t_B, nach der das System nicht mehr als um einen vorgegebenen Wert von X_{OW} abweicht.

Beim Aufbau der Temperaturregelung mußte festgestellt werden, daß infolge der im Regelkreis vorhandenen Verzögerungen (Zeitkonstanten), insbesondere der vergleichsweise großen Zeitkonstante des Systems Tiegel–Kupfer, die Regelung schon bei kleinen Verstärkungen instabil wurde. Daher erwies sich der Entwurf eines geeignet kompensierten Regelkreises als notwendig. Hierzu wurde die *Wurzelortmethode* [34] verwendet.

Ist die komplexe Übertragungsfunktion $G(p)$ des offenen Regelkreises bekannt, so läßt sich die Systemantwort $X(t)$ auf eine am Eingang des Regelkreises erfolgte Störung $X_W(t)$ berechnen:

$$X(t) = \mathfrak{L}^{-1}[G(p) \cdot \mathfrak{L}(X_W(t))] \tag{17}$$

Hierbei ist $\mathfrak{L}$ die Laplace-Transformation und $\mathfrak{L}^{-1}$ deren Inverse. $G(p)$ ist eine gebrochene rationale Funktion und läßt sich entweder in der Summendarstellung [Gl. (18)] oder in der Produktdarstellung [Gl. (19)] schreiben:

$$G(p) = \frac{a_0 + a_1 p + \cdots + a_m p^m}{b_0 + b_1 p + \cdots + b_n p^n} \tag{18}$$

$$G(p) = K \frac{\prod^{1 \cdots m} (p - p_i)}{\prod^{1 \cdots n} (p - p_k)} = K \frac{P(p)}{Q(p)} \tag{19}$$

mit

$$K = \frac{a_m}{b_n} \tag{20}$$

Die Größen p_i sind die Nullstellen, die p_k die Pole der Übertragungsfunktion. Die Verstärkung V des offenen Regelkreises ist bestimmt durch

$$V = K \frac{\prod^{1 \cdots m} (-p_i)}{\prod^{1 \cdots n} (-p_k)} \tag{21}$$

Die Übertragungsfunktion des geschlossenen Regelkreises ist dann

$$G_g(p) = \frac{G(p)}{1 + G(p)} = \frac{K \cdot P(p)}{K \cdot P(p) + Q(p)} \tag{22}$$

Die Nullstellen des geschlossenen Kreises sind also identisch mit den Nullstellen des offenen Kreises. Die Pole (oder kritischen Frequenzen) des geschlossenen Kreises sind nach Gl. 22 die Wurzeln des Polynoms

$$K \frac{P(p)}{Q(p)} + 1 = 0 \tag{23}$$

Trägt man diese Wurzeln in der komplexen Ebene in Abhängigkeit von K oder von V [s. Gl. (21)] auf, so erhält man die Wurzelortskurven.
Sind die Ortskurven für das Regelsystem bekannt, so läßt sich sein Einschwingverhalten leicht überschauen. Hierbei ist zu berücksichtigen, daß weit vom Nullpunkt entfernte Kurvenäste wegen der kleinen zugehörigen Residuen (diese bestimmen die Koeffizienten der Komponenten der Sprungantwort) eine vernachlässigbare Rolle spielen. Änderungen des Regelkreises durch Einfügen weiterer Pole, insbesondere aber Nullstellen zur Kompensation vorhandener Pole, lassen sich in ihrem Einfluß auf das Einschwingverhalten ebenfalls gut übersehen.
Die Übertragungsfunktion $G(p)$ des offenen Regelsystems setzt sich multiplikativ aus den Übertragungsfunktionen der einzelnen Regelkreisglieder zusammen. Diese wurden für den vorliegenden Regelkreis sowohl durch Analyse der gemessenen Sprungantwort wie auch teilweise durch Berechnung (System Tiegel–Kupfer; Thermoelement mit Schutzrohren) erhalten. Es ergaben sich für die einzelnen Regelkreisglieder folgende Polstellen (reziproke Zeitkonstanten):

1. System Tiegel–Kupfer: 1 Pol erster Ordnung
$$p_T = -0{,}00538 \text{ sec}^{-1} \tag{24}$$
2. Automatisch abgleichender Kompensator: 1 Pol zweiter Ordnung
$$p_K = -3{,}3 \text{ sec}^{-1} \tag{25}$$
3. Thermoelement: 2 Pole erster Ordnung
$$p_{\text{Th1}} = -0{,}15 \text{ sec}^{-1} \tag{26}$$
$$p_{\text{Th2}} = -1{,}42 \text{ sec}^{-1} \text{ (indirekt ermittelt)} \tag{27}$$
4. HF-Generator: 1 Pol zweiter Ordnung
$$p_G = -(10 \div 40) \text{ sec}^{-1} \text{ (je nach Einstellung der Spannungsregelung)} \tag{28}$$

Die Übertragungsfunktion des offenen unkompensierten Regelkreises ist damit

$$G(p) = \frac{K}{(p + 40 \text{ sec}^{-1})^2 (p + 3{,}3 \text{ sec}^{-1})^2 (p + 0{,}15 \text{ sec}^{-1}) (p + 1{,}42 \text{ sec}^{-1}) (p + 0{,}00538 \text{ se}} \tag{29}$$

Die zugehörige Wurzelortskurve (Abb. 9) zeigt, daß das unkompensierte System schon bei einer kritischen Verstärkung von $V = 155$ instabil wird (die gemessene kritische Verstärkung betrug $V_{\text{gem}} = 178$).
Die Methode der Wurzelortskurve zeigt also ebenso wie das Experiment, daß im nicht kompensierten System die erreichbare Verstärkung nicht ausreicht. Daher wurde mit dem in Abb. 10 angegebenen Netzwerk eine Kompensation durchgeführt. Seine Übertragungsfunktion ist

$$G_{SK} = \frac{X(p)}{X_W(p)} = \frac{R_2}{R_1 + R_2} \cdot \frac{p - n}{p - p_I} \tag{30}$$

wobei gilt

$$n = \frac{1}{R_2 C} \tag{31}$$

$$p_I = \frac{1}{(R_1 + R_2)\, C} \approx \frac{1}{R_1 C} \quad \text{für} \quad R_1/R_2 \gg 1 \tag{32}$$

Mit den in Abb. 10 angegebenen Werten für R_1 und C wird

$$p_I = -0{,}000856 \text{ sec}^{-1} \tag{33}$$

Die Gesamtübertragungsfunktion $G_K(p)$ des kompensierten Regelkreises ergibt sich damit aus Gl. (29) und Gl. (32) zu

$$G_K(p) = G(p) \cdot G_{SK}(p) \qquad (34)$$

Zur Bestimmung der optimalen Lage der Nullstelle n für die geforderte Verstärkung $V = 1000$ wurde das Ortskurven-Feld der beiden konjugiert komplexen Polstellen des geschlossenen Kreises für diese Verstärkung mit R_2 als Parameter konstruiert (Abb. 11). Hiernach durchläuft die Dämpfung σ bei $R_2 \approx 18{,}6$ kΩ ein Maximum (kürzeste Beruhigungszeit). Bei dieser optimalen Einstellung von R_2 ist die Beruhigungszeit des Gesamtsystems wesentlich kürzer als die des Kupfer gefüllten Tiegels, der das Regelkreisglied mit der größten Trägheit darstellt. Definiert man nämlich die Dauer seines Ausgleichsvorganges als gleich seiner Relaxationszeit von 161 sec, so ist für den geschlossenen Regelkreis schon innerhalb 60 sec die Differenz zwischen Sprungfunktion und Sprungantwort auf das $1/e$-fache der Sprungamplitude gesunken (Abb. 12a).
Durch Messung der Systemantwort auf sprunghafte Änderungen der Solltemperatur T_S wurde das errechnete dynamische Verhalten des Regelsystems bestätigt (Abb. 11 und Abb. 12b). Insbesondere zeigte es sich, daß die Methode der nicht-exakten Aufhebungskompensation die geforderten Eigenschaften des Systems bewirkte (eine exakte Aufhebungskompensation war wegen der zeitlichen Änderungen der kritischen Frequenzen unserer Regelstrecke nicht möglich). Mit dem dynamischen Verhalten des Regelsystems ist das Führungsverhalten gekoppelt: Bei der angegebenen Einstellung können zeitlich lineare Temperaturänderungen bis zu etwa 25° C/min durchgeführt werden.
Turbulente Konvektion der Schmelze, die von anderen Autoren [35, 36] beobachtet wurde, trat nur dann auf, wenn der Tiegel aus der Spule herausragte und bis zum Tiegelrand mit Schmelze gefüllt war. In diesem Fall wurden bei ausgeschalteter Regelung periodische Temperaturschwankungen von $\pm 1{,}5$° C gemessen, so daß die erforderliche Regelgüte nicht erreicht werden konnte.

e) Durchführung des Ziehprozesses. Ergebnisse

Der Kristallziehversuch kann in folgende Arbeitsgänge eingeteilt werden: 1. Vorbereitung der Apparatur, 2. Aufheizen des Tiegels und Eichung der Temperaturmeßeinrichtung, 3. der Ziehprozeß, 4. die Kristallentnahme.
Die Vorbereitung der Apparatur. Bevor ein neuer noch nicht verwendeter Tiegel mit Schmelzgut gefüllt wird, erfolgt zunächst das Ausheizen im leeren Zustand. Dazu heizt man ihn in der Apparatur langsam auf etwa 1400° C auf; nach fünf- bis sechsstündigem Glühen bei dieser Temperatur ist der Entgasungsvorgang beendet, d. h. das Vakuum in der Apparatur bei geheiztem Tiegel weicht nicht wesentlich vom »Kaltvakuum« ab.
Das Reinstkupfer (angeliefert in Stangen von 18 mm Durchmesser) wird in Stücke von 25 mm Länge zerschnitten und darauf kräftig in halbkonzentrierter Salpetersäure geätzt, um auf der Oberfläche haftende Verunreinigungen zu entfernen. Bei der weiteren Behandlung muß Wert auf größte Sauberkeit gelegt werden, damit keine Fremdstoffe in die Schmelze und damit in den Kristall gelangen: Mit sauberen Polyäthylen-Handschuhen nimmt man die Kupferstücke aus dem Säurebad, wäscht sie mit destilliertem und doppelt destilliertem Wasser und trocknet sie sofort und schnell im Heißluftstrom, um die Bildung einer Oxydhaut zu vermeiden. Die so vorbereiteten Stücke werden in den Tiegel gegeben. Es ist zweckmäßig, diesen nur soweit mit Schmelzgut zu füllen, daß die Oberfläche der Schmelze etwa 7 mm unterhalb des Tiegelrandes steht. Hierdurch wird zunächst die Gefahr des Auftretens einer turbulenten Konvektion vermieden. Außerdem wird ein günstiger »Nachwärmeffekt« des wachsenden Kristalls erzielt.

Unter Ausnutzung der Wachstumsauslese bestand der Impfling bislang aus einem etwa 20 mm langen runden polykristallinen Kupferstück (Durchmesser 10 mm), das in den Impflinghalter eingeschraubt wird. (Die Verwendung einkristalliner Impflinge mit geringer Ausgangsversetzungsdichte in Verbindung mit einer geeigneten Halterung ist geplant.)
Nach diesen Vorbereitungen wird der Rezipient ausgepumpt. Die elektronischen Einrichtungen der Temperaturregelung werden etwa 8 Stunden vor Ziehbeginn eingeschaltet.

Aufschmelzen des Kupfers und Eichen der Temperaturmeßeinrichtung. Das Aufheizen des Tiegels beginnt, wenn ein Druck von $1 \cdot 10^{-5}$ Torr erreicht ist. Bei voller Generatorleistung wird das Kupfer aufgeschmolzen, wobei sich Thermoelement und Impfling bereits dicht über der Kupferoberfläche befinden.
Trotz saubersten Arbeitens läßt es sich bisher nicht vermeiden, daß unlösliche Verunreinigungen auf der Schmelze schwimmen. Ihre Herkunft ist unbekannt. Mögliche Quellen sind: Tiegel, Kupfer, Oberfläche der Kupferstücke (Kontamination): Crack-Produkte aus der »Vakuum-Atmosphäre«.
Nach erfolgtem Eintauchen des Thermoelementes wird die Eichung der Temperaturmeßeinrichtung durchgeführt. Als Bezugspunkt dient stets der Erstarrungspunkt des Kupfers, der nach Verminderung der Heizleistung vom Kompensator registriert wird (bei A in Abb. 13a).

Der Ziehprozeß. In Abb. 13 ist der Temperaturverlauf während eines Ziehprozesses dargestellt. Nach Einstellung der Grundleistung, die der Solltemperatur entspricht (bei Impflingdurchmessern von 10 mm liegt die einzustellende Schmelzentemperatur erfahrungsgemäß $T_L - T_M = 10\,^\circ\mathrm{C}$ über dem Haltepunkt) wird die Temperaturregelung eingeschaltet. Ist die Solltemperatur erreicht, wird der bereits rotierende Impfling (30 UPM) eingetaucht. Der Ziehbeginn erfolgt nach einer Wartezeit von etwa 15 min (B in Abb. 13a). Zunächst werden etwa 5 mm bei konstanter Temperatur gezogen. Die Verjüngung des Kristalls, den sog. Flaschenhals erhält man durch Temperaturerhöhung der Schmelze mit Hilfe des Philips-Programmreglers, indem nun (bei C) vom Festwert auf diesen umgeschaltet wird. Ist der höchste Punkt des Temperaturprogramms erreicht (in Abb. 13a ca. 36 °C über dem Schmelzpunkt), so schaltet man den Antrieb des Programmreglers aus und hält die Temperatur entsprechend der gewünschten Länge des »Halses« eine Zeitlang auf diesem Wert (D–E). Anschließend fährt man die Temperatur unter optischer Kontrolle des Kristalldurchmessers (geeichtes Okularmikrometer des Fernrohres) so weit abwärts, bis der gewünschte Kristalldurchmesser erreicht ist (F). Wie schon erwähnt wurde (s. S. 11), erfordert ein zylindrisches Wachsen des Kristalls eine zeitproportionale Temperaturerhöhung der Schmelze (F–G). Diese wird mit Hilfe des Linear-Programmgebers durchgeführt. Bei H hat schließlich der Kristall seine gewünschte Länge erreicht. Der Ziehvorgang kann im Prinzip auf dreifache Weise beendet werden: a) durch ruckartiges Herausziehen des Kristalls aus der Schmelze, b) durch Temperaturerhöhung so schnell wie möglich (volle Generatorleistung), so daß der Kristall von der Schmelze abreißt, c) durch langsame und kontrollierte Temperaturerhöhung der Schmelze (Auslaufen des Kristalls in eine Spitze). Dieses letzte Verfahren wurde bevorzugt angewandt, da hierbei der Wärmekontakt des Kristalls mit der Schmelze nur langsam schlechter wird, so daß auf diese Weise der Kristall keinen Temperaturschock zu erleiden hat.
Abb. 13b zeigt den Gitterstrom als Funktion der Zeit bei dem Ziehprozeß von Abb. 13a. Die Wirkung der auf Seite 14 beschriebenen Spannungsregelung sieht man bei Sp. Vermutlich wird ein plötzlicher Abfall der Netzspannung durch die dort sichtbare

Gitterstromerhöhung kompensiert, denn im Temperaturdiagramm ist an dieser Stelle keine Störung festzustellen.

Entnahme des Kristalls. Nach etwa fünfstündigem Abkühlen wird der Rezipient mit trockenem Argon geflutet, der Kristall vorsichtig aus dem Impflinghalter herausgeschraubt und über Kalziumchlorid als Trockenmittel senkrecht hängend aufbewahrt.

Abb. 14 zeigt einige weitere Kristalle, deren Realstruktur in Abschnitt 5 diskutiert wird. Die Versuchsbedingungen, unter denen sie gezogen wurden, weichen von dem beschriebenen Standardverfahren ab; während bei dem Kristall in Abb. 13c der Übergang zum »Hals« bzw. zum Enddurchmesser relativ langsam erfolgt, sind die Flanken des Kristalls in Abb. 14a wesentlich steiler. Das zugehörige Temperaturprogramm hat dementsprechend ebenfalls eine hohe Steilheit (6,25 °C/min ≙ 125 °C/cm Kristall-Länge). Diese steilen Temperaturprogramme werden mit einem der beiden Linear-Programmgeber erzeugt. Das Überschwingen der Temperaturregelung beim Umschalten vom Linear-Programm mit der angegebenen Steilheit auf Konstant-Temperatur ist kleiner als 1 °C.

Mit der beschriebenen Ziehapparatur wurden bisher Kristalle mit einem Durchmesser von maximal 16 mm gezogen. Größere Durchmesser sind aus zwei Gründen nicht möglich: einerseits ist der Tiegelinnendurchmesser auf 44 mm beschränkt; andererseits darf der Abstand des Thermoelementes vom Kristall und auch von der Tiegelwand nicht zu klein werden. Außerdem liegt für größere Durchmesser die Schmelzentemperatur dicht über dem Erstarrungspunkt. So wurde der Kristall in Abb. 14b (Durchmesser 14 mm) bei einer Schmelzentemperatur von nur 2 °C über dem Erstarrungspunkt gezogen. Das Risiko der Erstarrung, z. B. durch Überschwingen beim Einstellen des Enddurchmessers ist daher bei Kristallen mit größerem Durchmesser besonders groß.

Die Länge des »Halses« kann beliebig gewählt werden. Bei sehr langen Verjüngungen ist zu beachten, daß der Durchmesser bei hohen Temperaturen mit der Länge abnimmt (Abb. 14c). Dagegen fällt bei dem Kristall mit drei Verjüngungen in Abb. 14d auf, daß zwar der Durchmesser der Verjüngungen annähernd konstant bleibt. Hingegen nimmt der Rumpfdurchmesser sukzessive ab. – Diese Tendenzen der Durchmesserverringerung können durch ein geeignetes Temperaturprogramm mit negativem Anstieg kompensiert werden.

Der Kristall in Abb. 14e wurde mit 11 cm pro Stunde gezogen. Bei dieser Ziehgeschwindigkeit können noch ohne Schwierigkeiten Kristalle mit genügend großem Durchmesser erhalten werden, da die Durchmesseränderung, wie aus Abb. 14f zu ersehen ist, beim Übergang von 3 cm/h auf 12 cm/h relativ gering ist.

Im Hinblick auf eine geringe Versetzungsdichte sollte die Länge des »Flaschenhalses« möglichst groß, sein Durchmesser jedoch sehr klein sein. Die in dieser Richtung in jüngster Zeit durchgeführten Versuche zeigten, daß durch Kombination einer höheren Ziehgeschwindigkeit mit hoher Schmelzentemperatur Halsdurchmesser bis herab zu 0,35 mm zu erhalten sind.

4. Zerstörungsfreie Bearbeitung versetzungsarmer Kupfer-Kristalle

a) Die Handhabung der Kristalle. Anforderungen an die Bearbeitungsmethoden

Für die Untersuchung mit den unten angeführten Verfahren ist es erforderlich, die Kristalle in kleinere Proben zu zerschneiden, die Schnittflächen zu ebnen und schließlich zu polieren. Für die Röntgen-Transmission ist die Präparation dünner Folien mit einigen 10 μ Dicke notwendig. Hierbei ergeben sich große Schwierigkeiten, da Kristalle mit geringer Versetzungsdichte bereits durch kleine mechanische Spannungen deformiert werden. Die Realstruktur ändert sich hierbei vollständig infolge der Multiplikation vorhandener Versetzungen (die krit. Schubspannung zum Einsetzen der Multiplikation beträgt bei einer Versetzungsdichte von etwa 10^3 cm^{-2} nur 18 p/mm^2 [37]). Die Handhabung und der Transport der Kristalle hat also sehr vorsichtig zu erfolgen. Die Multiplikations-Spannung und selbst die wesentlich größere Spannung zur Erzeugung neuer Versetzungen kann insbesondere lokal an der Kristalloberfläche sehr leicht erreicht werden, wie z. B. durch Staubkörner oder durch Berührung des Kristalls mit scharfen (oder auch nur mit festen) Gegenständen. Das bedeutet aber, daß auch die Aufbewahrung von kleineren, zur Untersuchung vorbereiteten Kristallstücken sehr sorgfältig zu geschehen hat, da die Berührung der zu untersuchenden Kristallflächen nicht gestattet ist. Die Handhabung von Kristallfolien ist wegen der wesentlich geringeren Dicke entsprechend schwieriger. – Durchweg werden diese Schwierigkeiten bei der Präparation umgangen, indem man zuvor den massiven Kristall durch Bestrahlung mit schnellen Neutronen härtet [38]. Diese Maßnahme verlangt jedoch, daß die zur Bestrahlung erforderlichen technischen Voraussetzungen vorhanden sein müssen und daß die bei der Bestrahlung entstehenden Defekte in Kauf genommen werden können.
Für die Entwicklung geeigneter Präparationsverfahren für *unbestrahlte Kristalle* erhielten wir eingehendere Informationen über die Defektentstehung bei der Handhabung durch einige diesbezügliche Versuche:

1. Das Berühren der zu untersuchenden Kristalloberfläche erzeugt Versetzungen. Abb. 15 zeigt eine Röntgenaufnahme mit zahlreichen frischen Versetzungen und starken Verspannungen. Diese sind entstanden durch einmaliges Bestreichen der Probenoberfläche mit einem Dachshaarpinsel. Dagegen waren keine Störungen zu beobachten, wenn man einen polierten Kupfer-Kristall nur durch sein Eigengewicht (10 p) belastet auf Watte legte.
2. Die Befestigung von Kristallproben an den entsprechenden Halterungen kann durch Kleben geschehen. Versuche mit dem von uns vorgesehenen Kleber »Technovit« (Fa. Kulzer u. Co., Bad Homburg) ergaben, daß unmittelbar nach der Aushärtung (etwa 10 min) keine Änderung der Struktur festzustellen ist. Erst nach einigen Stunden werden in der Umgebung der Klebstelle Verspannungen und neue Versetzungen beobachtet, deren Dichte und Anordnung sich noch über Tage und Wochen ändert (Abb. 16). Auf Grund dieser Beobachtungen wurde die Klebetechnik bei den Präparationsverfahren daher stets so angewandt, daß ein Einfluß der Klebstelle auf den zu untersuchenden Teil des Kristalls auszuschließen war. – Der anfangs verwendete Kleber der Marke »Uhu hart« verursachte sehr starke Störungen. Bei »Uhu plus« sind die entstehenden Störungen vergleichbar mit denen von »Technovit«. Doch hat dieser Kleber den (für uns) schwerwiegenden Nachteil, daß er nicht löslich ist.
3. Für das Kleben kleiner Kristallproben, insbesondere Kristall-Folien, ist nach den obigen Ergebnissen »Technovit« nicht zu verwenden. Hier erwies sich nun ein Fett

hoher Viskosität mit niedrigem Schmelzpunkt (etwa 50° C), sog. Hahnfett, als Kleber sehr geeignet. Zum Ankleben der Probe wird die Halterung hiermit bestrichen, daß Fett vorsichtig aufgeschmolzen und die Kristallprobe daraufgelegt. Anschließend läßt man das Fett erstarren. Durch diese nur für leichte Proben geeignete Klebetechnik entstehen keine Defekte (Abb. 17).

Zur Präparation (Probenherstellung) von Einkristallen bieten sich im Prinzip folgende Verfahren an:

1. Die mechanische Bearbeitung (Drehen, Fräsen, Bohren, Schleifen). Diese scheidet jedoch für unsere Zwecke von vornherein aus, da globale sich über den gesamten Kristall erstreckende Verspannungen nicht zu vermeiden sind.
2. Die Funkenerosion. Diese Methode hat sehr starke lokale Störungen zur Folge, die um so weitreichender sind, je geringer die Ausgangsversetzungsdichte ist. Nach unseren Untersuchungen beträgt die Störtiefe bei einer Ausgangsversetzungsdichte von $5 \cdot 10^4$ cm^{-2} bereits 2 mm (als Störtiefe sei die Schichtdicke unterhalb der Schnittfläche verstanden, innerhalb der durch den Schnitt eine merkliche Erhöhung der Versetzungsdichte verursacht wird).
3. Die lokale chemische oder elektrochemische Auflösung. Die hierauf beruhenden in der Literatur beschriebenen Fadensägen [39, 40, 41, 42, 43, 44, 45] erzeugen ebenfalls Defekte, wenngleich die Störtiefe auch wesentlich geringer ist. Bei einer von Bonse, de Kaat und Kappler [46] angegebenen Anordnung beträgt sie etwa 30 μ, wobei die Ausgangsversetzungsdichte $5 \cdot 10^2$ cm^{-2} war.

Eine günstigere Ausgangsbasis für unsere Zwecke sahen wir im Prinzip der Überschichtung von Flüssigkeiten unterschiedlicher Dichte nach Fourdeux und Wronski [47], obgleich dessen Anwendung zum Zerschneiden von Kupfer-Kristallen durch Shanefield und Currier [48] zu sehr unzulänglichen Ergebnissen führte.
Im folgenden wird gezeigt werden, daß die von uns nach dem Prinzip der Überschichtung entwickelte Elektrolytschicht-Säge für das Zerschneiden von Kupfer-Kristallen sehr geeignet ist. Im Vergleich zur Fadensäge hat diese Schneide-Vorrichtung zwei weitere Vorteile: Sie enthält keine sich bewegende Teile und ist wenig aufwendig und preiswert. Es sei bemerkt, daß ähnliche Anordnungen auch zum Zerschneiden von Blei-Einkristallen und von wasserlöslichen Ionen-Kristallen verwendet wurden [49].
Zum Planen der nicht völlig ebenen Schnittflächen wird von Young [43] eine Maschine beschrieben, die jedoch den Nachteil hat, daß sie mit hochkonzentrierter Salzsäure arbeitet. Das im folgenden angegebene elektrolytische Plan-Verfahren beruht dagegen auf dem Einebnungseffekt, den man bei Verwendung eines geeigneten Elektrolyten infolge mechanischer Passivierung der Kupfer-Anode erhält. Diese Methode ist ebenfalls eine rein statische.
Zum Glänzen der ebenen Kristallflächen können im Prinzip die Standardverfahren des elektrolytischen Polierens verwendet werden. Doch besteht bei den statischen Verfahren die Gefahr, daß bei längerer Anwendung die zunächst ebenen Flächen wellig werden. Außerdem entstehen sehr leicht Löcher unter den sich möglicherweise auf der Oberfläche bildenden und dort haftenden Gasblasen. Aus diesen Gründen wurde eine Poliermaschine mit umlaufender scheibenförmiger Kathode gebaut, wobei der Abstand Kathode–Probe sehr klein gehalten werden kann.
Zur Herstellung dünner genügend großer Proben zur Röntgentransmission sind die bekannten elektronenmikroskopischen Präparationsmethoden nicht geeignet, da mit diesen nur Folien kleineren Durchmessers mit einigermaßen konstanter Foliendicke hergestellt werden können. Nachdem das Halterungsproblem (Kleben mit Fett, s. o.)

gelöst war, konnten, wie unten gezeigt wird, durch elektrolytisches Polieren Folien genügend großen Durchmessers präpariert werden.

b) Die Elektrolytschicht-Säge

Die Vorrichtung zum elektrolytischen Schneiden der Kristalle (Abb. 18) besteht aus zwei Glasgefäßen, welche die Flüssigkeiten enthalten. Die äußere, größere Glasschale 1 (etwa 20 cm Durchmesser) ist mit dem Elektrolyten 2 gefüllt. Dieser ist mit Petroleum 3 ($\varrho = 0{,}8$ g/cm^3) überschichtet. Das kleinere U-förmige Glasgefäß 4 – im folgenden U-Rohr genannt – mit einem Durchmesser von 5 cm dient als Behälter für eine isolierende Flüssigkeit hoher Dichte 5 (Tetrachloräthylen, $\varrho = 1{,}7$ g/cm^3). Der Kristall 6 wird infolge anodischer Auflösung durch die dünne Elektrolytschicht zerschnitten, die sich zwischen Petroleum und Tetrachloräthylen befindet. Er ist gegenüber der Ringkathode 8 aus Edelstahl durch die Stromversorgung 7 positiv vorgespannt.
Das U-Rohr ist über eine Befestigung 10 mit einer Mikrometerschraube verbunden, so daß eine meßbare Höhenverstellung zur Einstellung der Elektrolytschichthöhe möglich ist. Mit Hilfe einer Justiermöglichkeit kann der plangeschliffene Rand 10 des U-Rohres parallel zu den Flüssigkeitsgrenzflächen eingestellt werden. Infolge des langsamen Absenkens des Verdrängers 11 läuft stets eine kleine Menge von Tetrachloräthylen über, damit dessen Spiegel auf konstanter Höhe bleibt. Ebenso wie das U-Rohr ist auch der Kristall vertikal einzustellen und meßbar in seiner Achsenrichtung zu verschieben. Zur Herstellung kristallographisch-orientierter Schnitte wird ein Goniometer als Kristallhalterung verwendet. Der Einkristall ist mit »Technovit« an die Stifte 13 angeklebt.
Bei dem beschriebenen Schneidverfahren traten zunächst folgende unerwünschte Effekte auf:

1. Gasentwicklung an der Schnittstelle
2. Salzbildung auf den Schnittflächen
3. ungünstige Benetzungsverhältnisse

Sie hatten sehr rauhe Schnittflächen und eine große Schnittbreite (etwa 5 mm) zur Folge.
Unter Verwendung einer 0,2 ÷ 0,3 molaren wässerigen Lösung von Ammoniumperoxodisulfat $(NH_4)_2S_2O_8$ als Elektrolyt gelang es, die Gasentwicklung an der Anode vollständig zu unterbinden, wenn der Gleichspannung von 6 V (Zellspannung) eine Wechselspannung von 8 V (50 Hz) überlagert wurde.
Die Zugabe eines Benetzungsmittels zum Elektrolyten verbessert die Benetzungsverhältnisse an der Anode und am geschliffenen Rand des U-Rohres so stark, daß die Dicke der Elektrolytschicht auf 0,5 mm und weniger reduziert werden kann, ohne daß der Schneidvorgang gestört wird. Als Benetzungsmittel wird »Pril« verwendet, wobei das Mischungsverhältnis von gesättigter »Pril«-Lösung/Elektrolyt 1:20 betragen soll. – Diese wesentlich günstigeren Benetzungsverhältnisse kommen dadurch zustande, daß die Höhe des Meniskus, und zwar sowohl des unteren als auch des oberen, durch die sehr starke Reduktion der Grenzflächenspannung jeweils zweier benachbarter flüssiger Phasen wesentlich verringert wird (s. Tab. 1). Auch für diese Benetzungsverhältnisse gelten die Überlegungen von S. 10 mit Gl. (1).
Die Höhe der Elektrolytschicht und der Kristalldurchmesser bestimmen bei konstanter Gleich- und Wechselspannung den Gleichstrom. Durch Messung des Gleichstroms I als Funktion der Verschiebung x des U-Rohres kann die Elektrolytschichthöhe durch Extrapolation bestimmt werden (Abb. 19).
In Abb. 20 ist ein bis zur Hälfte angeschnittener Kristall abgebildet. Die Schnittbreite ist kleiner als 1 mm. Die Schnittflächen sind parallel und eben.

Tab. 1 Grenzflächenspannung σ_{ff} zweier benachbarter Flüssigkeiten Messung mit der Steighöhen-Methode [50]

Komponente 1	Komponente 2	σ_{ff} [dyn/cm]
Tetrachloräthylen	Elektrolyt	47
Tetrachloräthylen	Elektrolyt + Pril	$<$ 0,1
Petroleum	Elektrolyt	16
Petroleum	Elektrolyt + Pril	$<$ 0,03

Die Schnittdauer beträgt bei Kristallen mit 10 mm ⌀ etwa 10 h. Die untere, an der Phasengrenze Tetrachloräthylen-Elektrolyt erzeugte Schnittfläche ist bereits nach dem Schneiden völlig plan (Rauhtiefe etwa 10 μ). Eine Nachbearbeitung dieser Fläche mit dem im folgenden Abschnitt beschriebenen Verfahren ist daher nicht erforderlich. Sie kann im Anschluß an das Schneiden poliert werden. Die obere Schnittfläche ist dagegen wesentlich rauher (Rauhtiefe bis etwa 250 μ) und infolgedessen zunächst zu planen.

c) Das elektrolytische Planen

Unter »Planen« soll im folgenden die Einebnung von Makrorauhigkeiten und die Erzeugung einer ebenen Kristallfläche verstanden werden. Hierzu wird im Prinzip die gleiche Apparatur wie beim Schneiden verwendet; es entfällt jedoch die Überschichtung mit Petroleum, da nur die Phasengrenze Tetrachloräthylen-Elektrolyt ausgenutzt wird (Abb. 21). Der den Elektrolyten benetzende Teil der Probe wird aufgelöst, wobei gleichzeitig Oberflächenrauhigkeiten eingeebnet werden.

Dieser Einebnungs-Effekt tritt nur deshalb auf, weil auf der Oberfläche der anodischen Kupferprobe in Verbindung mit dem verwendeten Elektrolyten eine Passivierung erfolgt. Diese äußert sich in der »statischen« Strom-Spannungs-Kurve (Abb. 22). Ist die Probenoberfläche nach unten gerichtet, so erfolgt keine Einebnung; die Strom-Spannungs-Kurve hat bei dieser Anordnung kein Plateau. Nach Kortüm [51] dürfte es sich daher um eine sogenannte mechanische Passivierung handeln, die durch eine hohe Ionenkonzentration über der nach oben gerichteten Anodenfläche bedingt ist.

Eine Einebnung erfolgt bei Spannungen U im sogenannten Plateau der Strom-Spannungs-Charakteristik, wobei $U_1 < U < U_2$ ist. Die Einsatzspannung U_1 ist mit 2,5 bis 3 V annähernd konstant. Dagegen ist die Spannung U_2, bei der das Plateau unter starker Salzbildung an der Anode (verbunden mit Lochfraß) verlassen wird, von der überlagerten Wechselspannung abhängig. Messungen ergaben, daß U_2 etwa gleich der effektiven Wechselspannung ist (frisch angesetzter Elektrolyt bei Zimmertemperatur). Das Verfahren arbeitet am zuverlässigsten bei etwa 4 bis 5 V Gleichspannung und 8 V Wechselspannung (nahe bei Plateau-Anfang). Einebnung in der Nähe des Plateau-Endes erhöht die Gefahr der Salzbildung. Erhöhung der Wechselspannung verursacht nur größere Joulesche Wärme, ohne daß die die Geschwindigkeit des Plan-Verfahrens bestimmende Gleichstromdichte wesentlich zunimmt.

Mit dem beschriebenen Verfahren ist es möglich, makroskopisch ebene Metallflächen und – bei Verwendung eines Goniometers als Kristallhalterung – vorgegebener kristallographischer Orientierung herzustellen. Die Flächen sind jedoch nicht hochglänzend, sondern weisen eine Ätzstruktur mit Mikrorauhigkeiten von etwa 10 μ auf. Röntgenographische Untersuchungen an geplanten Kristallflächen ergaben, daß bei diesem Verfahren weder Verspannungen noch Versetzungen erzeugt werden (Abb. 23).

d) Elektrolytisches Polieren. Die Poliermaschine

Bevor die geplanten Proben untersucht werden können, ist im allgemeinen die Beseitigung der Mikrorauhigkeiten durch elektrolytisches oder chemisches Polieren erforderlich (eine zusammenfassende Darstellung über Theorie und Praxis dieser Methoden gibt Tegart [52]). Für Kupfer wird zweckmäßig die elektrolytische Methode angewandt. Mit diesem »micropolishing« kann gleichzeitig ein »macropolishing« verbunden sein, wenn die experimentelle Anordnung so gewählt wird, daß der Abstand Anode-(ebene) Kathode klein gehalten wird. Infolge des hohen Feldgradienten werden in diesem Fall evtl. vorhandene Welligkeiten ebenfalls abgebaut bzw. ihr Entstehen wird verhindert. Der Gefahr der Lochbildung durch Gasblasen an der anodischen Oberfläche kann begegnet werden, indem mit strömendem Elektrolyten gearbeitet wird. – Basierend auf diesen Überlegungen wurde die im folgenden beschriebene Poliermaschine entwickelt, die sich auch für routinemäßige Untersuchungen sehr bewährt hat.

Den *Aufbau der* eigentlichen *Polierzelle* zeigt Abb. 24. Die Glasschale 1 enthält den Elektrolyten (halbkonzentrierte Phosphorsäure, nicht gezeichnet). Darin taucht als Kathode die Edelstahlscheibe 2 so tief ein, daß ihre Oberseite ca. 1 cm unter der Säureoberfläche steht. Sie wird in genügend starke Rotation versetzt (etwa 120 U/min) und bewegt dabei das Polierbad mit. Die Kunststoffplatte 3, der sog. Wellenbrecher, liegt mit ihrer Unterkante ca. 0,2 mm über der Metallscheibe. Dadurch entsteht bei mitrotierender Flüssigkeit (im Sinne der Umlaufrichtung) auf der Kathode ein Gebiet, in dem der Elektrolyt einen dünnen, laminar fließenden Film konstanter Höhe bildet, die mit der Mikrometerschraube 4 eingestellt wird. Dieser Effekt ist begünstigt durch die vergleichsweise hohe Viskosität der Phosphorsäure. In diesen Film taucht als Anode der Kupfer-Kristall 5 (hier eingeklebt in ein Metallröhrchen gezeichnet). Als Halterung der Probe bzw. des Goniometers dient die Spannzange 6. Die Stromzuführung erfolgt über den Schleifkontakt 7. Um eine einseitig leichte Abrundung des Kristallrandes zu vermeiden, wird die Probe durch den Motor 8 mit 5 U/min gedreht, wenn Querschnittsflächen poliert werden sollen. Sind dagegen unter Verwendung eines Goniometers vororientierte Kristallflächen zu polieren, so steht im allgemeinen die Probenachse nicht senkrecht zur Kathodenscheibe. In diesem Fall ist es günstiger, die Probe in einem so gelegenen Winkelbereich zu schwenken, daß der Elektrolytstau vor dem schräg stehenden Kristall möglichst gering ist. Lage und Größe des Winkelbereiches können vorgegeben und durch eine photoelektronische Steuerung kontrolliert werden. – Während des Stromflusses schlägt sich das vom Kristall abgelöste Kupfer auf der Kathode nieder. Es ist jedoch zu vermeiden, daß diese ständig wachsende Kupferschicht schließlich den Einkristall berührt und Gitterstörungen erzeugt. Aus diesem Grunde wird sie schon beim Poliervorgang durch die Hilfselektrode 9, die negativ gegen die Kathode geschaltet ist, wieder abgelöst. Dabei geht aber unter Verwendung der üblichen Metalle als Kathode unvermeidlich auch ein Teil des Kathodenmaterials mit in Lösung; man beobachtet nach ca. 100 h Betriebsdauer der Maschine eine leichte ringförmige Vertiefung (0,1 ÷ 0,2 mm) auf der Scheibe, die durch Überdrehen beseitigt werden kann.

Elektrische Versorgung und Abstandsregelung. Für das Planpolieren größerer Rauhigkeiten ist bei der üblicherweise verwendeten Abtragungsgeschwindigkeit von 4,5 μ/min eine längere Polierzeit erforderlich, innerhalb welcher der Abstand des Kristalls zur Kathode ständig nachgestellt werden muß. Dieses wurde durch eine Abstandsregelung erreicht. Sie war auf einfache Weise möglich, da der Polierstrom selbst eine Funktion des Abstandes Kathode-Anode ist (Abb. 25). Im Arbeitsbereich fällt er linear mit wachsendem Abstand. In Abb. 26 ist neben der Spannungsversorgung der Polierzelle das Blockschaltbild der Regelung zu ersehen. Der vom Polierstrom (Versorgung durch Quelle I) am Widerstand R (1 Ω) hervorgerufene Spannungsabfall wird mit der Quelle II für den Sollwert des Abstandes kompensiert und die Differenzspannung als Maß für die Regelabweichung auf einen Gleichspannungsverstärker gegeben. Ist sie auf Grund einer Abstandsänderung von Null verschieden, so wird der Stellmotor 13 (s. auch Abb. 27) angesteuert. Dieser stellt über Spindel und Schlitten 14 den Kristall auf den Sollwert nach. Mit der Achse des Stellmotors ist mechanisch ein Tachogenerator zur Gegenkopplung verbunden (Beruhigung des Regelkreises). – Das Verfahren der Abstandsregelung verlangt auf der elektrischen Seite stabilisierte Spannungen; Schwankungen der Versorgungsspannungen simulieren Abstandsänderungen. Ebenso sind an den mechanischen Aufbau hinsichtlich Präzision und Stabilität erhebliche Anforderungen zu stellen.

Eine Photographie des *Gesamtaufbaues* der Maschine zeigt Abb. 27. Die Kathodenscheibe wird durch den Motor 10 über eine doppelt gelagerte Welle angetrieben. Durch den Motor 11 kann die Probe nach beendetem Poliervorgang schnell aus dem Bad herausgefahren werden. Der zugehörige Trägerfuß 12 besitzt dazu eine vertikale Schwalbenschwanzführung mit Schlitten. Dieser trägt den bereits erwähnten zur Abstandsregelung verwendeten Schlitten 14.

Auf den mit Hilfe dieser Maschine geglänzten Kristallflächen lassen sich keine Mikrorauhigkeiten mehr nachweisen. Jedoch zeigten die Flächen durchweg eine Vielzahl halbkugelförmiger Vertiefungen, deren Größe, Anzahl und Anordnung von den Züchtungsbedingungen der Kristalle abhängen. Ihre Ursache wird im folgenden zu diskutieren sein.

e) Die Herstellung von Einkristall-Folien für Röntgen-Transmission

Die zur Herstellung von dünnen Einkristallscheiben erforderlichen vorbereitenden Arbeitsgänge sind in Abb. 28 schematisch dargestellt. Zunächst wird von dem zu untersuchenden Kristallstück eine ebene, vororientierte Fläche mit dem oben beschriebenen Planverfahren hergestellt (Abb. 28a). Sodann wird die Probe um 180° gedreht, so daß die geplante Fläche wieder parallel zur Phasengrenze steht. Bei dieser Probenstellung wird von dem Kristall ein Scheibchen mit einer Dicke von 1 bis 1,5 mm abgeschnitten (Abb. 28b). Um zu vermeiden, daß es in das U-Rohr fällt, wird es von einem Auffänger gehalten, der so dicht unter dem Kristall angebracht ist, daß er ihn gerade nicht berührt. Eventuell vorhandene Rauhigkeiten der neuen Schnittfläche werden anschließend durch elektrolytisches Planen beseitigt (Abb. 28c). Hierbei wird gleichzeitig die ursprüngliche Scheibchendicke auf die gewünschte Dicke reduziert.

Im Anschluß an diese vorbereitenden Arbeitsgänge wird das Scheibchen auf einen Kunststoffring mit dem oben angegebenen Fett angeschmolzen (Abb. 29). Diese Maßnahme bewirkt zweierlei: a) Die Probe ist damit deformations- und spannungsfrei geklebt, ohne daß aber während der Dauer der Röntgenaufnahme eine langsame Lageänderung (»Kriechen«) beobachtet werden mußte. Jede weitere Manipulation des Kristalls läßt sich nun über den starren Ring ausführen. b) Da der Scheibchenrand ringförmig von Fett bedeckt ist, wird er beim Elektropolieren nicht anodisch angegriffen. Daher entsteht im Mittelteil eine dünne Folie, »gehalten« gewissermaßen durch den massiveren Kristall-Außenring. Bei genügend vorsichtiger Behandlung der Probe kann damit jede Verformung der Folie vermieden werden.

In einem letzten Arbeitsgang wird die Scheibe in einem Bad aus 50%iger Phosphorsäure dünn poliert. Dieses kann auf folgende Weise geschehen:

1. mit dem Verfahren der vertikal angeordneten Probe (Abb. 30). Die Probe wird beidseitig poliert und rotiert langsam (Rotationsgeschwindigkeit 5 U/min, Zell-

spannung 1,7 ÷ 1,8 V, Stromdichte 50 mA/cm²). Um eine Scheibe von 1 mm Ausgangsdicke auf 200 μ dünn zu polieren, ist eine Polierdauer von etwa 5 h erforderlich.
2. mit dem Verfahren der horizontal angeordneten Probe (Abb. 31). Die Unterseite der Probe ist hierbei abgedeckt. Sie bewegt sich nicht. Infolge der hohen Konzentration der Elektrolyse-Produkte oberhalb der Anode ist die Stromdichte sehr gering (2 ÷ 3 mA/cm², Zellspannung 0,8 ÷ 0,9 V).

Infolge der wesentlich geringeren Stromdichte und der erforderlichen zweiseitigen Bearbeitung ist die Polierzeit beim letztgenannten Verfahren wesentlich größer. Sein Vorteil beruht darauf, daß die hiermit hergestellten Folien ebene und parallele Oberflächen haben. Dagegen haben die nach der ersten Methode dünnpolierten Proben eine eher linsenförmige Gestalt, welche sich bei routinemäßigen Untersuchungen allerdings nicht allzu störend auswirkt. Messungen des Oberflächenprofils zweier Proben sind in Abb. 32 wiedergegeben.
Unmittelbar nach dem Herausnehmen der Probe aus dem Polierbad wird sie vorsichtig mit Wasser abgespült, kurzzeitig in Ammoniaklösung eingetaucht, erneut mit Wasser und Alkohol abgespült und im Luftstrom getrocknet, um schließlich in die zur Röntgenuntersuchung vorgesehene Halterung eingesetzt zu werden (Abb. 33).

5. Die Realstruktur nahezu perfekter Kupfer-Kristalle

a) Nachweisverfahren für Gitterdefekte

Das Berg-Barrett-Verfahren [52, 53]. Mit diesem röntgenographischen Verfahren wurden insbesondere lange, unzerschnittene Kristalle wie auch gewachsene Kristalloberflächen untersucht. Es eignete sich besonders zum Auffinden von Feinkorngrenzen, doch konnten mit dieser Methode bei Kupferkristallen auch einzelne Versetzungen abgebildet werden. Der Kontrast kann verschiedene Ursachen haben [33]. Der *Orientierungskontrast* ist dadurch bedingt, daß im angestrahlten Bereich Subkörner unterschiedlicher Orientierung vorhanden sind und die Fehlorientierung mindestens etwa gleich der durch die natürliche Linienbreite der verwendeten Strahlung bedingte Horizontaldivergenz D_H (s. u.) ist. Auf Grund des *Extinktionskontrastes* können einzelne Versetzungen und Kleinwinkelkorngrenzen abgebildet werden. Während der Idealkristall gemäß der dynamischen Theorie proportional zu $|F|$ reflektiert, verhalten sich die durch Versetzungen und Kleinwinkelgrenzen gestörten Bereiche annähernd wie ein Mosaikkristall; bei diesem ist das Reflexionsvermögen proportional zu $|F|^2$. Störungen reflektieren also stärker als der ungestörte Kristall. Der Extinktionskontrast ist um so geringer, je größer der Asymmetriewinkel (Winkel zwischen Normale der reflektierenden Netzebene und Oberflächennormale) ist. Bei der von uns verwendeten Anordnung (Kupfer–$K\alpha_1$-Strahlung, (420)-Reflex) betrug der Abstand Film–Probe 4 mm, die durch die Horizontaldivergenz $D_H = 3{,}3'$ verursachte Unschärfe $U_H = 3{,}7\ \mu$ und die durch die Vertikaldivergenz $D_V = 6{,}1'$ bedingte Unschärfe $U_V = 7{,}2\ \mu$.

Rockingkurven-Messungen mit dem Doppelkristallverfahren. Bei diesem röntgenographischen Verfahren [54] sind zwei Kristalle so in Bragg-Lage angeordnet, daß die vom ersten (Monochromator-)Kristall reflektierte Röntgenstrahlung vom zweiten (Probe-)Kristall gegensinnig reflektiert wird. Dabei soll der erste Kristall möglichst ideal sein. Außerdem soll die Reflexion an beiden Kristallen unter dem gleichen Bragg-Winkel ϑ_B erfolgen. Mißt man die vom zweiten Kristall reflektierte Strahlung als Funktion der Parallelabweichung $\vartheta - \vartheta_B$ der Netzebenennormalen, so erhält man die Rocking-Kurve. Die Darstellung dieser Rocking-Kurve für zwei Idealkristalle in mathematisch geschlossener Form ist möglich, wenn die Reflexionskurven beider Kristalle als 1. Näherung durch Gaussfunktionen angenähert werden [54]. Man erhält unter Berücksichtigung einer möglichen asymmetrischen Stellung beider Kristalle unter Vernachlässigung der Absorption

$$I = I_0 \cdot \exp \left\{ - \frac{\left[\alpha (\vartheta - \vartheta_B) + \left(\frac{1}{b_1} - \frac{1}{b_2} \right) \cdot \frac{F_0'}{2\,K \cdot F_H'} \right]^2}{\left| \frac{1}{b_1} \right| + \left| \frac{1}{b_2} \right|} \right\} \tag{35}$$

mit

$$\alpha = \frac{a \cdot \sin 2\,\vartheta_B}{\frac{e^2}{m c^2} \cdot \frac{\lambda^2}{\pi \cdot V} \cdot K \cdot F_H' \cdot T_D} \tag{36}$$

$$a^2 = \frac{2 \ln 2 \sqrt{2}}{3} = 0{,}65 \tag{37}$$

Durch den Faktor a [Gl. (37)] wird die Abszisse derart transformiert, daß der angenäherte Verlauf der Reflexionskurve die gleiche Halbwertsbreite erhält wie im exakten Fall. Die Symbole in Gl. (35) und Gl. (36) bedeuten:

I_0, I	Intensität der einfallenden bzw. der reflektierten Röntgenstrahlung
b_1, b_2	das Verhältnis der Richtungs-Kosinus für einfallende und gebeugte Welle bezogen auf den Normalen-Vektor der Kristalloberfläche, der in den Kristall hineinweist (b_1 für Kristall 1, b_2 für Kristall 2)
F_0', F_H'	Realteil des Strukturfaktors für die Bragg-Reflexion mit den Miller-Indizes $H = 0, 0, 0$ bzw. $H = h, k, l$
K	der Polarisationsfaktor; für das Doppelkristallspektrometer ist nach James [54] $K = (1 + \cos^2 2\,\vartheta_B)/(1 + \lvert\cos 2\,\vartheta_B\rvert)$
$\frac{e^2}{m c^2}$	$= 2{,}82 \cdot 10^{-13}$ cm
λ	Wellenlänge der Röntgenstrahlen
V	Elementarvolumen
T_D	Debey-Waller-Faktor

Für die Halbwertsbreite β_M der Rockingkurve erhält man aus Gl. (34)

$$\beta_M = \left[\left(\frac{1}{|b_1|} + \frac{1}{|b_2|} \right) \cdot \frac{\ln 2}{\alpha^2} \right]^{\frac{1}{2}} = \left[\frac{1}{|b_1|} + \frac{1}{|b_2|} \right]^{\frac{1}{2}} \cdot \beta_N \tag{38}$$

wobei β_N die Halbwertsbreite der Reflexionskurve des Idealkristalls in symmetrischer Stellung ($b = -1$) ist. Asymmetrische Stellung eines oder beider Kristalle hat neben einer Änderung der Halbwertsbreite auch eine Verschiebung φ_0 des Maximums zur Folge, die sich ebenfalls aus Gl. (34) ergibt:

$$\varphi_0 = \left(\frac{1}{b_2} - \frac{1}{b_1} \right) \cdot \frac{1}{\alpha} \cdot \frac{F_0'}{2\,K F_H'} \tag{39}$$

Die Rockingkurve zeigt eine *Verbreiterung*, wenn die Versetzungsdichte des Probekristalls einen gewissen Wert ϱ_g überschreitet. Bei unserer Anordnung betrug ϱ_g etwa $5 \cdot 10^4\, cm^{-2}$.

Doppelkristall-Topographie. Nach BONSE [55] kann eine lokale Registrierung der vom zweiten Kristall reflektierten Intensität I dadurch vorgenommen werden, daß vor diesem auf gleiche Weise wie beim Berg-Barrett-Verfahren ein photographischer Film angeordnet wird. Dabei justiert man den zweiten Kristall so ein, daß er im Mittel mit 50% der Maximalintensität reflektiert. Bereits sehr kleine Gitterverzerrungen z. B. durch einzelne Versetzungen machen sich in sehr unterschiedlicher Schwärzung des Films bemerkbar. Das Auflösungsvermögen beträgt etwa 0,8″ für Orientierungsänderungen und $3 \cdot 10^{-5}$% für Gitterkonstantenänderungen. Neben Gitterdefekten werden auch die geometrischen Strukturen der Kristalloberfläche abgebildet, da eine lokale Richtungsänderung der Oberflächennormalen nach Gl. (35) zu einer Änderung der reflektierten Intensität führt. Aufnahmen auf den beiden Flanken der Rockingkurve haben entgegengesetzten Kontrast. Im folgenden wird diejenige Flanke, bei der eine Zunahme der Gitterkonstanten zunehmende Intensität zur Folge hat, als (+)-Flanke und die entgegengesetzte Flanke als (—)-Flanke bezeichnet.
Lang-Topographie. Mit dieser Durchstrahlungsmethode [56] wurden Versetzungen in Kristallfolien im Borrmann-Kontrast abgebildet. Die Foliendicke betrug einige hundert μ; Aufnahmetechnik: Kupfer-$K\alpha_1$-Strahlung, Ilford-Kernspurplatten mit 25 μ Schichtdicke.
Durch ein *elektrolytisches Ätzverfahren* gelang die Sichtbarmachung von inhomogen verteilten Punktdefekten. Hierzu wurden die Kristalle bei einer Zellspannung von ca. 0,5 V 1 Minute in einem Elektrolyten aus 50%iger Phosphorsäure anodisch geätzt.

b) Die Realstruktur der Bridgman-Kristalle

Einkristalle, die nach dem Verfahren des weichen Tiegels aus Reinstkupfer hergestellt wurden, waren immer frei von Kleinwinkelkorngrenzen, sofern sie entweder durch vollständiges Aufschmelzen (ungeimpfte Kristalle) oder durch partielles Aufschmelzen (polykristalliner Impfling) gezüchtet wurden. Insgesamt wurden etwa 150 Einkristalle mit diesem Verfahren hergestellt und untersucht.
Die Versetzungsdichte beträgt im *Kristallinnern* $2 \cdot 10^3\, cm^{-2}$ bis $2 \cdot 10^4\, cm^{-2}$ (im Mittel $7 \cdot 10^3\, cm^{-2}$). Eine systematische Änderung der Versetzungsdichte über die Kristalllänge wurde, abgesehen von der Kristallspitze nicht beobachtet. Eine Abhängigkeit der *Vesetzungsdichte* von der Spitzen-Form (gerade oder S-förmig gebogene Spitze) war nicht festzustellen.
Die Doppelkristall-Aufnahmen in Abb. 34 und 35 zeigen die Versetzungsanordnung in Kristallen mit höherer bzw. geringerer Versetzungsdichte. Unabhängig von der Versetzungsdichte sind die Versetzungslinien nur selten geradlinig mit kristallographischer Vorzugsrichtung wie z. B. bei 1 in Abb. 34 sowie bei 1 und 2 in Abb. 35. Häufig sind sie dagegen gebogen, so die Versetzung 3 in Abb. 35. Auch eine Vorzugsrichtung der Versetzungen bezüglich der Wachstumsrichtung und eine Anordnung in Gleitebenen wurde nicht festgestellt. Hinsichtlich der Versetzungsanordnung lieferten Durchstrahlungsaufnahmen die gleichen Ergebnisse.
Auf allen elektrolytisch polierten Flächen wurden lichtmikroskopisch stippenartige Vertiefungen beobachtet. Der Durchmesser dieser Löcher beträgt etwa 35 μ bei einer Flächendichte von ca. $(5 \div 10) \cdot 10^2\, cm^{-2}$. Auf dem Röntgenbild (Doppelkristall-Aufnahmen) erscheinen diese Löcher als runde, durch einen Hell-Dunkel-Kontrast gekennzeichnete Strukturen (z. B. in Abb. 35 bei 5 und 6). Ein Zusammenhang mit Ver-

setzungen ist bisher nicht auszuschließen. So war öfter zu beobachten, daß Versetzungen in Löchern beginnen oder enden (in Abb. 35 bei 7 und 8). Der röntgenographische Kontrast, den die Löcher liefern, ist allein durch die Loch-Geometrie bedingt. Nach Gl. (34) hat eine Richtungsänderung $\Delta\varphi$ der Oberflächennormale im reflektierenden Kristallbereich eine Intensitätsänderung zur Folge, die z. B. für $\Delta\varphi = 3{,}5°$ bereits 10% beträgt (beide Kristalle in symmetrischer Stellung). Auch die Kontrastumkehr, die beim Übergang von einer Flanke der Rockingkurve zur anderen erfolgt, ist auf diese Weise zu verstehen. Abb. 34 und 35 zeigen den charakteristischen Unterschied. Das zentrale Gebiet des Loches unterhalb der Symmetrielinie reflektiert weder auf der (+)- noch auf der (—)-Flanke, da der zugehörige Bereich des Loches infolge Abschattung durch den Lochrand nicht von Röntgenstrahlen erreicht wird. Basierend auf Gl. (35) wurde für halbkugelförmige Löcher in Abhängigkeit von der Kristalljustierung (Lage der Aufnahme auf der Rockingkurve) der zu erwartende Kontrast berechnet. Hiernach ergeben sich als Linien gleicher Intensität auf dem Röntgenbild Ellipsen, deren große Hauptachse mit der oben erwähnten Symmetrielinie (Vertikale auf die in die Bildebene projizierte Reflexionsrichtung) zusammenfällt. Die berechnete Intensitätsverteilung beschreibt nur in sehr grober Weise den beobachteten Kontrast. Die Ursache der Diskrepanz ist in der wesentlich komplizierteren Lochgeometrie zu suchen (vgl. Abschnitt 5e).

Einkristallin geimpfte Kristalle enthielten häufig Subgrenzen. Ihre Versetzungsdichte beträgt etwa $5 \cdot 10^5$ cm^{-2}. Im kombinierten hart-weichen Tiegel gezüchtete Kristalle hatten ebenfalls Subkörner, allerdings nur in den Kristallbereichen, die im harten Teil des Tiegels erstarrt waren.

Die *Kristalloberfläche* ist nicht so stark gestört wie bei Kristallen, die im harten Tiegel gewachsen sind (Abb. 36). Zwar ist die Zahl der Rosetten, die Gebiete erhöhter Versetzungsdichte darstellen, in Abb. 36a sehr hoch, jedoch ist ihre Tiefenausdehnung (ca. 50 μ) nur gering. Bei Kristallen, die im harten Tiegel gezüchtet wurden, beträgt dagegen die Tiefe der gestörten Oberflächenschicht ca. 0,5 mm.

Röntgenographische Untersuchungen der *Kristallspitze* zeigten, daß dort beträchtliche Gitterstörungen auftreten. Die Aufnahmen in Abb. 37 wurden von einer 30 mm langen geraden Spitze gemacht. Am unteren Ende fällt der Reflex durch ein fehlorientiertes Korn völlig aus. Die Subkorngröße ist zunächst sehr gering, nimmt aber in Wachstumsrichtung zu. Die größeren Verschwenkungen im unteren Teil der Spitze werden nach oben ebenfalls geringer. Eine Aufnahme von der Mantelfläche des massiven Kristalls ließ erkennen, daß dieser frei von Subgrenzen war. Die Reduzierung der Spitzenlänge von 10 auf 5 mm ergab keine Einkristalle mehr. Diese Proben enthalten im unteren Teil ein sehr grobkörniges Gefüge (Korngröße einige mm bis cm), aus dem meist in Richtung der Kuppe ein einzelnes Korn weiterwachsen konnte. Die Untersuchung der Körner eines solchen Vielkristalles ergab, daß auch sie frei von Subgrenzen sind.

Auch bei einkristallin geimpften Kristallen wurde festgestellt, daß die Dichte des Feinkornnetzwerkes, welches von der Schmelzzone im Impfling ausgeht, in Wachstumsrichtung geringer wird.

Der Einfluß des Reinheitsgrades. Mit Hilfe des weichen Tiegels konnten auch aus technisch reinem Kupfer (»Werkstatt-Kupfer«) als Ausgangsmaterial subkornfreie Einkristalle hergestellt werden. Doppelkristall-Aufnahmen vom Querschnitt dieser Kristalle zeigen eine schachbrettartige Zellstruktur, wobei sich beim Übergang von der (+)- zur (—)-Flanke das Vorzeichen des Kontrastes ändert (Abb. 38). Auf Berg-Barrett-Aufnahmen und Lang-Aufnahmen ist die Zellstruktur dagegen nicht festzustellen. Die Versetzungsdichte ist bei diesen Kristallen gegenüber denen aus Reinstkupfer nur geringfügig erhöht. Sie beträgt etwa $(3 \div 5) \cdot 10^4$ cm^{-2}. Die Versetzungen befinden sich bevorzugt in den

Übergangsbereichen zwischen hellen und dunklen Zellen und sind dort häufig in Versetzungswänden angeordnet (Abb. 39). Diese spezielle Versetzungsanordnung verursacht jedoch nicht die unterschiedliche Reflexion der Zellen, denn der Intensitätsübergang verläuft kontinuierlich und stetig. Zur quantitativen Bestimmung der Änderung der Reflexionsrichtung wurden Rockingkurven von kleinen Bereichen gemessen, indem ein Teil der Schnittfläche (Längsschnitt) parallel zur Wachstumsrichtung mit einer Lochblende von 0,3 mm ∅ abgetastet wurde. Auf diese Weise konnte lokal die Halbwertsbreite der Rockingkurve gemessen und aus der relativen Verschiebung der Kurvenschwerpunkte die Änderungen der Reflexionsrichtung ermittelt werden. Die Ergebnisse sind in Abb. 40 dargestellt. Die Reflexionsrichtung 0° entspricht dem Schwerpunkt der Rockingkurve gemessen über den gesamten Reflex. Der maximale Unterschied in der Reflexionsrichtung einzelner Zellen beträgt 10″. Die Halbwertsbreite β_m der Rockingkurven ist maximal in Gebieten zwischen einem hellen und einem dunklen Fleck, also dort, wo sich die Reflexionsrichtung stark ändert. Obwohl die beschriebenen Inhomogenitäten des Kristallgitters so gering sind, daß sie erst im Doppelkristallspektrometer sichtbar werden, konnten sie auch durch kurzzeitiges Ätzen festgestellt werden (Abb. 41). Hierbei werden diejenigen Stellen, die auf der Doppelkristallaufnahme der (+)-Flanke heller erscheinen, stärker angeätzt. Diese stärker geätzten Stellen haben nach Abb. 40 also einen Reflexionswinkel, der um ca. 10″ kleiner ist als derjenige der nicht geätzten Bereiche. Bei längerem anodischem Ätzen erfolgt eine bevorzugte Abtragung in den anfangs nicht angeätzten Gebieten.
Die Löcher auf den elektrolytisch polierten Flächen dieser Kristalle haben eine ausgeprägte hexagonale Anordnung (Abb. 42). Sie befinden sich durchweg nur in den nicht angeätzten Bereichen.
Die Zellstruktur verschwindet beim Glühen der Kristalle vollständig. Die Versetzungsdichte wird hierbei auf ca. $5 \cdot 10^3$ cm^{-2} reduziert.

c) Die Realstruktur der Czochralski-Kristalle

Diese Kristalle wurden immer mit einem polykristallinen Impfling gezogen. Als Ausgangsmaterial für Schmelze und Impfling wurde nur Reinstkupfer verwendet. Auf Grund der Ausgangstextur des Materials lag die Orientierung der Kristallachse im Bereich von [100] bis [110] (die Umgebung des [111]-Poles wurde gemieden), wenn die Impflinge aus ASARCO-Kupfer hergestellt wurden. Bei Impflingen aus Johnson-Kupfer wurden nur Achsen-Orientierungen in der Umgebung von [111] beobachtet. Von den ca. 200 gezüchteten Einkristallen wurden etwa 50 Kristalle röntgenographisch untersucht (vorzugsweise Kristallquerschnitte, von ausgewählten Kristallen auch Längsschnitte). Bei einigen unzerschnittenen Kristallen wurde die unberührte, gewachsene Oberfläche mit dem Berg-Barrett-Verfahren auf Oberflächendefekte geprüft. Die auf diese Weise gewonnenen Ergebnisse zeigen, daß mit dem Czochralski-Verfahren die beste Kristallqualität erzielt werden kann. Die Einkristalle sind unabhängig von den Wachstumsbedingungen frei von Subkorngrenzen (eine Ausnahme wird unten zu diskutieren sein). Die gewachsene Kristalloberfläche enthält nicht die für Bridgman-Kristalle typischen Oberflächenstörungen: analoge Aufnahmen zu den in Abb. 36 gezeigten sind ohne jede Struktur. Die Versetzungsdichte reicht bei diesen Kristallen von 0 bis ca. $5 \cdot 10^3$ cm^{-2} (mittlere Versetzungsdichte eines Kristalls). Die häufigste Versetzungsdichte beträgt ca. $1 \cdot 10^3$ cm^{-2} (Abb. 43). Nur bei wenigen Kristallen wurde $5 \cdot 10^3$ cm^{-2} beobachtet. Zwei Kristalle wurden bisher gezüchtet, bei denen im massiven Teil unterhalb des Halses keine Versetzungen festzustellen waren. Die Untersuchung dieser Kristalle wurde besonders sorgfältig durchgeführt, indem größere Kristallbereiche als üblich röntgenographisch geprüft wurden.

Neben den geringeren Versetzungsdichten zeigen die Czochralski-Kristalle einige weitere charakteristische Unterschiede im Vergleich zu den Bridgman-Kristallen (weicher Tiegel). So findet man bei Kristallen mit etwa 10^3 Versetzungen pro cm^2 häufig eine Anordnung der Versetzungen in einzelnen und durchaus abzählbaren Gleitebenen, wobei die zu einer einzelnen Gleitebene gehörenden Versetzungen den gleichen Burgers-Vektor haben (Abb. 44). Die Gleitebenen erstrecken sich über den gesamten Querschnitt.

Die Versetzungslinien verlaufen in diesen Kristallen durchweg geradlinig. Abb. 45 zeigt eine gezackte Versetzung. Sie liegt in einer [111]-Ebene, die etwa um 10° gegenüber der abgebildeten Probenoberfläche geneigt ist. Auf Grund von Aufnahmen in verschiedenen Reflexen wurde festgestellt, daß die Versetzung zwischen B und C einen einheitlichen Burgers-Vektor hat, der sich in C ändert (andersartiger Kontrast von C–A). Vom Knoten C geht also eine dritte Versetzung aus, welche, wie unten gezeigt wird, die Oberfläche steil durchstößt. Die Versetzungsstücke a verlaufen etwa in [101]-Richtung, die Stücke b in [011]-Richtung. – Diese Versetzungskonfiguration, die in elastisch isotropen Medien energetisch ungünstig ist, wurde in Czochralski-Kristallen häufiger, in Bridgman-Kristallen bisher nie beobachtet. Sie könnte dadurch zustande kommen, daß jede einzelne Ecke der Versetzungslinie durch Versetzungen verankert ist, die von diesen ausgehen (in diesem Falle würde in der Aufnahme ein Teil eines im Vergleich zur durchschnittlichen Versetzungsdichte (ca. 250 cm^{-2}) sehr engmaschigen Versetzungsnetzwerkes sichtbar). Eine weitere Möglichkeit besteht darin, daß die Ecken durch mikroskopisch kleine Einschlüsse verankert sind. Eine ausführliche Untersuchung dieser Versetzung durch sukzessives Abpolieren der Kristalloberfläche in 3-μ-Schritten ergab, daß die Versetzungslinie bei B die Oberfläche durchstößt und bei A durch eine in die Tiefe des Kristalls verlaufende Versetzung – sie ist noch zu beobachten, nachdem bereits 18 μ abpoliert sind – verankert ist. Bereits nach dem ersten Polierschritt (3 μ) ist die Versetzung zwischen A und D verschwunden (lichtmikroskopisch wurden auf dem zugehörigen Gebiet weder Einschlüsse noch neu gebildete Löcher beobachtet). Die Versetzungshalbschleife, welche bei B und D nun die Oberfläche durchstößt, ist zurückgeblieben. Sie erscheint noch nach der dritten Polierstufe (9 μ) im Röntgenbild. Erst nach der vierten Stufe ist sie verschwunden. Zusammenfassend läßt sich also feststellen; a) Die hakenförmigen Versetzungen sind nicht als kleine Bereiche eines Versetzungsnetzwerkes aufzufassen; b) Die Ecken dieser Versetzungen sind nicht durch mikroskopisch beobachtbare Partikel verankert. – Bei der Diskussion der Struktur abgeschreckter Kristalle werden wir auf diese Zickzack-Versetzungen zurückkommen.

Die Flächendichte der Löcher (ca. 10^4 cm^{-2}) auf den elektrolytisch polierten Flächen ist wesentlich größer als bei Bridgman-Kristallen, der Lochdurchmesser (ca. 5 μ) ist geringer. Eine eindeutige Zuordnung der röntgenographisch beobachteten Lochkontraste zu lichtmikroskopisch beobachtbaren Löchern ergibt sich an Hand von Abb. 46. In der Aufnahmeserie sind gleiche Stellen gleich numeriert. Die besonders auffallenden und daher als Marken verwendeten Gebilde bei A und B sind durch Präparationsfehler verursacht: die kraterartige mit einem Wall umgebene Vertiefung bei A entstand infolge eines Fremdkörpers, der bei einem früheren Polierschritt auf der Kristalloberfläche haftet; auch Reste der Phosphorsäuredeckschicht auf der Kristalloberfläche rufen beim nächsten Polierschritt unregelmäßig Vertiefungen wie bei B hervor. Der Vergleich von Fig. 46 b und c lehrt zunächst, daß alle kreisförmigen Hell–Dunkel-Kontraste im Röntgenbild, die bisher als Löcher angesprochen wurden, in der Tat auch auf dem Mikrophoto erscheinen (vergleiche z. B. die »neuen« Löcher 1 und 2 sowie die »alten« schon ausgewaschenen Löcher 3, 4 und 5, die bereits in Abb. 46a mit starkem Kontrast zu beobachten sind). Die sog. neuen Löcher 1 und 2 sind in Abb. 46a

nicht festzustellen, doch wird dort ihr »Ursprung« als heller, kleiner, homogener Fleck sichtbar. Solche Flecken, die nach dem nächsten Polierschritt als Löcher erscheinen würden, sind auch in Abb. 46b zu sehen, so z. B. bei 6. An den entsprechenden Stellen im Mikrobild sind jedoch keine Strukturen festzustellen (Zentrum des Kreises bei 6). Das bedeutet aber, daß ein Spannungsfeld des Loches oder des Lochkeimes bereits sichtbar wird bevor dieses selbst erscheint. – Neben den Lochdefekten sind auf den Röntgenaufnahmen völlig andersartige Kontrastgebilde mit einer sog. Sandwich-Struktur zu beobachten (bei 7 und 8). Die räumliche Ausdehnung dieser Gebilde – sie sind lichtmikroskopisch nicht festzustellen – ist sehr gering: der intensive Kontrast bei 8 in Abb. 46a ist nach dem Abpolieren von 3 μ bereits verschwunden. Bei diesen Kontrasterscheinungen handelt es sich um Einschlüsse bestehend aus Al_2O_3-Partikeln ($\varnothing < 1\ \mu$), die von einem anfangs verwendeten selbst gesinterten Thermoelement herrühren. Versetzungsschleifen als Ursachen dieses Kontrastes sind auszuschließen, da die Gebilde gegenüber einer Glühbehandlung völlig stabil sind.
Bei der Untersuchung von versetzungsfreien Kristallproben (ohne Al_2O_3-Einschlüsse) mit dem Lang-Verfahren wurden zwar keine Versetzungen festgestellt; doch zeigen diese Aufnahmen neben den als schwarze Punkte abgebildeten Löchern, die auf der Austrittsfläche der Röntgenstrahlen liegen, eine Vielzahl von mehr oder weniger kurzen dunklen Strichen (Abb. 47). Deren Richtung verläuft unabhängig vom verwendeten Reflex (die Folie wurde mit drei unterschiedlichen [111]-Reflexen abgebildet) immer parallel zur Strahlenebene; auch der Kontrast dieser Striche ist unabhängig vom verwendeten Reflex. Eine plausible Deutung dieser Strukturen ergibt sich unter der Annahme, daß die durchstrahlten Kristallfolien im Innern mehr oder weniger zentralsymmetrische kleine Defekte (möglicherweise Löcher oder Lochkeime) enthält. Jeder von diesen bewirkt eine lokale Entkoppelung der Wellenfelder und damit die Ausbildung eines Borrmann-Deltas [57]. Dessen Ausdehnung in Richtung der Strahlenebene ist auf der Austrittsfläche des Kristalls und damit auch auf dem Film um so größer, je größer der Abstand des Defektes von der Austrittsfläche ist. In unterschiedlicher Tiefe liegende Defekte erscheinen daher als unterschiedlich lange Linien. Eine Auszählung der Punkte und Linien liefert in Verbindung mit der Foliendicke $1 \cdot 10^6$ Defekte pro cm^3 bzw. 10^4 pro cm^2. Dieser Wert steht in guter Übereinstimmung mit der beobachteten Flächendichte der Löcher.
Die Versetzungsdichte ist von Versuch zu Versuch starken Schwankungen unterworfen. Wir haben daher versucht, durch günstigere Wachstumsbedingungen die Versetzungsdichte systematisch zu reduzieren. So wurden Kristalle mit superlangen Hälsen (Abb. 14c) oder mit mehreren Einschnürungen (Abb. 14d) gezogen. Hierdurch sollte das Herauswachsen der Versetzungen in den Bereichen verjüngten Durchmessers begünstigt werden. Diese Versuche waren jedoch ohne Erfolg; es zeigte sich im Gegenteil in Kristallen nach Abb. 14d eine erhöhte Versetzungsdichte in Verbindung mit Subkorngrenzen. Ein Einfluß der Ziehgeschwindigkeit war ebenfalls nicht festzustellen. Selbst eine Reduzierung auf 3 mm/h führte zu keiner Änderung der Versetzungsdichte. Von dem in Abb. 14f gezeigten Kristall (sprungartige Änderung der Ziehgeschwindigkeit) wurde ein Längsschnitt angefertigt. Die röntgenographische Untersuchung des Übergangsbereiches ergab, daß sich die Versetzungsdichte (ca. $10^2\ cm^{-2}$) dort nicht ändert. Jedoch ist ein starker Unterschied im Ätzangriff festzustellen (Abb. 48). So wird insbesondere auch die gekrümmte Phasengrenze zum Zeitpunkt des Umschaltens der Ziehgeschwindigkeit (sie wurde kurzzeitig ausgeschaltet) sehr gut sichtbar.

d) Veränderungen der Realstruktur beim Glühen und Abschrecken

Eine Glühbehandlung der Kristalle beeinflußt die Realstruktur nur bei Glühtemperaturen oberhalb von 500°C. Bei zunächst ungeglühten Kristallen verschwinden bereits bei einer kurzen Glühdauer (2 h, 1000°C) alle dicht unterhalb der Oberfläche und zu dieser angenähert parallel verlaufenden Versetzungen vollkommen (Verringerung der Versetzungsdichte von 10^4 auf 10^2 cm^{-2}). Hierbei kann selbst eine Auflösung von Subkorngrenzen stattfinden. Diese werden allerdings wieder sichtbar, wenn eine etwa 50 μ dicke Oberflächenschicht abgetragen wird. Dieser Oberflächeneffekt ist darauf zurückzuführen, daß auf Grund der Bildkraft angenähert parallel zur Oberfläche liegende Versetzungen diese verlassen können oder daß eine Umorientierung in dem Sinne stattfindet, daß zunächst schräg verlaufende Versetzungen die Oberfläche nun steil durchstoßen. Beim Glühen eines bereits vorgeglühten Kristalles wird dieser Effekt nicht erneut beobachtet: die Versetzungen sind beim erstmaligen Glühen gealtert.
In Hinblick auf das Kristallinnere ist der Einfluß des Glühens geringer. Bei Kristallen aus Reinstkupfer kann die Versetzungsdichte bei einer Glühdauer von 24 h auf die Hälfte verringert werden, bei Kristallen mit Zellstruktur um den Faktor 10. Zyklisches Glühen erwies sich als etwas wirksamer.
Um den Einfluß des Abschreckens auf die Struktur zu untersuchen, wurde eine Kristallprobe (Czochralski-Kristall, Versetzungsdichte $7 \cdot 10^2$ cm^{-2}) unter Graphitpulver 1 h bei 1000°C geglüht. Darauf wurden Tiegel und Probe aus dem Ofen herausgenommen und in flüssigen Stickstoff eingetaucht. Die Abkühldauer betrug ca. 2 Min. Die bei diesem Verfahren zu erwartenden thermischen Spannungen sollten die Versetzungsdichte um mehrere Größenordnungen anwachsen lassen. Die gemessene Versetzungsdichte beträgt jedoch nur $3 \cdot 10^4$ cm^{-2} (Abb. 49). Eine Andeutung von Gleitung ist nicht zu beobachten. Dagegen zeigt die Aufnahme Strukturen, die bereits im Zusammenhang mit den Czochralski-Kristallen diskutiert wurden: die Versetzungen sind sehr häufig gezackt, wenngleich die Höhe der Zacken geringer ist als in Abb. 45. Außerdem sind unregelmäßig geformte geschlossene Versetzungsschleifen entstanden. Bei einer nachfolgenden Glühbehandlung (24 h, 1080°C) wurde die Versetzungsdichte ohne Bildung von Subgrenzen auf $1 \cdot 10^4$ cm^{-2} reduziert. In der geglühten Probe wurden weder gezackte Versetzungen noch Versetzungsschleifen beobachtet.

e) Untersuchungen zum Problem der Loch-Entstehung

Die röntgenographischen Untersuchungsergebnisse erlauben keine eindeutige Aussage über den Mechanismus der Lochbildung. Daher wurden zunächst zur Bestimmung der morphologischen Loch-Struktur elektronenmikroskopische Untersuchungen an elektropolierten Flächen im Rastermikroskop durchgeführt. Hierbei ergab sich eine große Mannigfaltigkeit von Loch-Formen, wobei eine Tendenz in folgenden Richtungen besteht.

1. Bei Kristallen aus technisch reinem Kupfer mit Zellstruktur sind die Löcher nicht halbkugelförmig, sondern häufig kraterartig, wobei das Lochinnere immer angeätzt erscheint. Zum Teil sind die Löcher zentralsymmetrisch mit hoher Regelmäßigkeit in der »Ätzstruktur« und mit Facetten versehen (Abb. 50), zum Teil sind sie sehr unregelmäßig aufgebaut (Abb. 51). Der Lochdurchmesser kann bis 200 μ betragen.
2. Bei Bridgman-Kristallen aus Reinstkupfer sind die Löcher in den meisten Fällen rund und stark auspoliert. Etwa $5 \div 10\%$ sind ebenflächig von (glatten) Facetten begrenzt (Abb. 52, man beachte die überstehende Kante bei A).
3. Bisher wurde nur eine Probe aus einem (versetzungsfreien) Czochralski-Kristall untersucht. Alle beobachteten tieferen Löcher waren facettiert und von einem mehr oder

weniger erhaltenen »Dach« überdeckt (Abb. 52). Die Facetten sind möglicherweise [100]-Flächen. Bei allen Löchern ist die Orientierung der entsprechenden Facetten die gleiche. An der Probenoberfläche sind die Lochkanten infolge des Elektropolierens abgerundet.
Auf Grund dieser Untersuchungen erscheint es nun verständlich, daß der für halbkugelförmige Löcher berechnete röntgenographische Kontrast keine quantitative Übereinstimmung mit den experimentellen Ergebnissen lieferte.
Für die Entstehung der Löcher sind u. E. nur zwei umfassende Möglichkeiten in Betracht zu ziehen:

1. Sie entstehen beim Kristallwachstum und sind somit in der beobachteten Größe im Kristall vorhanden;
2. Sie entstehen beim elektrolytischen Polieren auf Grund verschiedener, u. U. gleichzeitig verlaufender Mechanismen.

Um die elektrolytischen Prozesse zu eliminieren, erscheint es naheliegend, die Kristallflächen auf mechanischem Wege herzustellen. Derartige Versuche wurden auch durchgeführt (untersucht wurden mit Diamant gedrehte, mit Diamantpulver polierte und mit Polierpaste hergestellte Flächen). Doch konnten mit diesen Verfahren infolge der großen Duktilität des Kupfers keine kratzerfreien Proben erhalten werden, so daß eine eindeutige Interpretation der beobachteten Strukturen bisher nicht möglich ist. Dagegen verlief der Versuch, mit Hilfe eines Mikrotoms mechanisch eine geeignete Kristallfläche zu präparieren, erfolgreich. Zu diesem Zweck wurde eine leicht konisch angedrehte Probe (Bridgman-Kristall, Reinstkupfer) an ihrer Spitze beschnitten. Dabei wurde eine Schicht von etwa 160 μ abgetragen. Auf der so erhaltenen Probenfläche wurden etwa 8 μ große, facettierte Löcher mit einer Flächendichte von ca. $2 \cdot 10^2\ cm^{-2}$ beobachtet, die mit Sicherheit nicht bei der Probenbehandlung erzeugt wurden und somit im Kristall enthalten sind.
Ein Verformungsexperiment ergab, daß nach dem Stauchen der Kristallprobe (Bridgman-Kristall, Reinstkupfer) die auf anschließend elektrolytisch polierten Flächen zu beobachtenden Löcher immer senkrecht zur Stauchrichtung lang erstreckt erscheinen.
Zum Abschluß sei bemerkt, daß auch bei einem von F. W. Young unter völlig unterschiedlichen Wachstumsbedingungen hergestellten Bridgman-Kristall (10^2 Versetzungen pro cm^3) nach dem elektrolytischen Polieren Löcher mit rautenförmiger, lang-rechteckiger und runder Form lichtmikroskopisch beobachtet wurden.

6. Diskussion der Ergebnisse. Die Entstehung der Gitterdefekte beim Kristallwachstum

Auf Grund unserer Untersuchungen über die Struktur der Bridgman-Kristalle ist anzunehmen, daß bei Kristallen, die in einem Tiegel gewachsen sind, die Versetzungen im wesentlichen infolge der Oberflächenbeschädigung des wachsenden Kristalls entstehen. Hierbei wird insbesondere die Kristallspitze, die eine große Oberfläche gegenüber einem kleinen Volumen hat, in Mitleidenschaft gezogen. Durch die Kontraktion des Kristalls beim Abkühlen verursachte mechanische und thermische Spannungen führen zur Multiplikation der Versetzungen, wobei diese in das Kristallinnere hineinlaufen können. Ein *harter* Graphittiegel, bei dem die Tiegelwand immer mehr oder weniger große Poren enthält, hat infolgedessen im Vergleich zum weichen (Pulver-)Tiegel stärkere Störungen an der Kristalloberfläche und höhere Spannungen bei der Kristallkontraktion zur Folge. Die resultierende Versetzungsdichte von 10^5 bis 10^6 cm^{-2} ist ausreichend, um bei dem unterhalb der Phasengrenze verlaufenden Nachglühprozeß zur Polygonisation zu führen (die Entstehung von Kleinwinkelkorngrenzen wurde bei Glühversuchen nur dann beobachtet, wenn die Versetzungsdichte größer als ca. 10^5 cm^{-2} war). Die relativ hohe Perfektion der mit der Technik des weichen Tiegels hergestellten Kristalle kommt dadurch zustande, daß der Tiegel (Graphitpulver) bei der thermischen Kontraktion des Kristalls nachgiebiger ist. Die Flächendichte der Störungen (Zahl der kleinen weißen Rosetten in Abb. 36a pro Flächeneinheit) ist zwar größer als beim harten Tiegel, doch ist ihre Tiefenausdehnung und ihre Intensität, die ein Maß für die lokal erhöhte Versetzungsdichte ist, geringer, da die Multiplikationsrate wegen der kleineren Spannungen ebenfalls kleiner ist. Die häufige Beobachtung von gebogenen Versetzungen dürfte als Beweis dafür zu werten sein, daß die Kristalle globale Spannungen enthalten oder doch zumindest während des Wachstumsprozesses enthalten haben. Diese Schubspannung τ läßt sich berechnen, wenn der Krümmungsradius R einer durchgebogenen Versetzungslinie bekannt ist. Nach FRIEDEL [22] ist $\tau \cong \mu \cdot b/R$ (μ Schubmodul, b Burgers-Vektor). Mit $\mu_{Cu} = 4000$ kp/mm² und $b = 2{,}5 \cdot 10^{-8}$ cm erhält man aus dem Krümmungsradius $R = 3 \cdot 10^{-2}$ cm der Versetzung 3 in Fig. 35 eine Schubspannung von 3 p/mm² (die Multiplikationsspannung für Kristalle mit dieser Versetzungsdichte beträgt nach YOUNG und SAVAGE [58] 10 p/mm² bei Raumtemperatur).

Bei den einkristallin geimpften Kristallen (weicher Tiegel) wurde bei mehreren Kristallen Substruktur und eine deutlich erhöhte Versetzungsdichte in den Subkörnern festgestellt. Diese Beobachtung weist darauf hin, daß die Struktur des Impflings die Versetzungsdichte des massiven Kristallbereichs noch maßgeblich bestimmt. Es ist daher anzunehmen, daß die Länge des dünnen Zwischenstückes zwischen Impfling und massivem Kristall nicht ausreichte, um mit Hilfe des Mechanismus des Herauswachsens der Versetzungen zu verhindern, daß aus dem Bereich der Aufschmelzzone des Impflings – die Versetzungsdichte beträgt dort schätzungsweise 10^6 bis 10^8 pro cm² – Versetzungen in den massiven Kristall gelangen. Bei den nicht geimpften Kristallen entsteht zwar auch beim Kristallisationsbeginn im untersten Bereich der verjüngten Kristallspitze eine erhöhte Versetzungsdichte, doch ist deren Einfluß auf den massiven Kristall entweder geringer oder doch zumindest nur vergleichbar mit dem oben dargestellten Mechanismus der Versetzungsentstehung an der Kristalloberfläche.

Auf Grund von Untersuchungen zur Struktur von Bridgman-Kristallen (harter Tiegel) aus Reinstkupfer gelangen EVANS und FLANAGAN [59] zu der Überzeugung, daß die Versetzungsentstehung in der Umgebung von Fremdatom-Anhäufungen (Bereiche von ca. 1000 Fremdatomen) erfolgt. Der Leerstellenmechanismus ist dagegen nach Ansicht dieser Autoren auszuschließen, da eine Abhängigkeit der Versetzungsdichte ($2 \cdot 10^5$ cm^{-2}) von der Wachstumsgeschwindigkeit nicht beobachtet wurde. – Wir können uns der Ansicht der Autoren, die auch von JACKSON [60] vertreten wird, nicht anschließen. Da die von uns gemessenen Versetzungsdichten in Kristallen aus Reinstkupfer den Bereich von 10^6 bis 0 pro cm² umfassen und nur von dem Züchtungsverfahren und den Wachstumsbedingungen bestimmt werden, so ist nicht anzunehmen, daß der Fremdatommechanismus, der letztlich als fehlorientierter Einbau von fremdatomaren Keimen zu verstehen wäre, bei Reinstkupfer von Bedeutung ist.

Ein Einfluß von Fremdatomen macht sich erst bei höherer Konzentration wie z. B. bei den im weichen Tiegel hergestellten Einkristallen aus technisch reinem Kupfer bemerkbar. Die genaue Zusammensetzung dieses Kupfers ist nicht bekannt; doch mag der Reinheitsgrad zwischen 3 N und 4 N liegen. Die Hauptverunreinigungen an Fremdatomen bestehen im wesentlichen in Silizium ($\sim$ 1000 ppm). Außerdem dürfte das Material noch Sauerstoff oder Phosphor und Arsen enthalten. Die Einkristalle aus diesem Kupfer zeigen Mikroseigerungen in Form einer Zellstruktur; die Verunreinigungen sind also inhomogen verteilt. Diese Interpretation der oben beschriebenen experimentellen Ergebnisse stützt sich dabei auf folgende Beobachtungen: a) der kontinuierliche Intensitätsübergang zwischen hellen und dunklen Zellen auf dem Röntgenbild, b) die unterschiedliche Anätzbarkeit, c) die regelmäßige, der Zellbegrenzung folgende Anordnung der Löcher, d) das Verschwinden der Zellstruktur beim Glühen. Aus der Differenz des Reflexionswinkels $\Delta\vartheta = 10''$ von hellen und dunklen Zellen ergibt sich unter Anwendung der Bragg-Gleichung eine Gitterkonstantendifferenz von $\Delta d = 6{,}98 \cdot 10^{-5}$ Å. Dabei haben die stärker angeätzten, im Ätzbild helleren Gebiete die größere Gitterkonstante.

Mikroseigerungen entstehen nach Tiller bei einer konstitutionellen Unterkühlung der Schmelze unmittelbar vor der Phasengrenze. Während jedoch bei der Tillerschen Modellrechnung [27] die Zellstruktur aus fremdatomaren Zellen besteht, die durch schmale Zellwände mit hoher Konzentration getrennt sind, ist die von uns beobachtete Struktur dadurch gekennzeichnet, daß Zellen mit höherer Fremdatomkonzentration neben solchen mit geringerer Konzentration angeordnet sind. Der eigentliche Mechanismus der Versetzungsentstehung durch Abbau der durch die unterschiedlichen Gitterkonstanten verursachten elastischen Spannungen läßt sich jedoch sinngemäß übernehmen. Die Größenordnung dieser Spannungen erhält man durch Berechnung der Zugspannung σ, die erforderlich ist, um in einer Zelle mit der anfangs kleineren Gitterkonstanten $d - \Delta d$ die gleiche Gitterkonstante d zu erreichen, welche die umgebenden Zellen besitzen. Diese Spannung ergibt sich zu $\sigma = E \cdot \Delta d/d$ und beträgt für die gemessene Gitterkonstantendifferenz ca. 240 p/cm² ($E = 12000$ kp/mm² (polykristallines Kupfer), $d = 3{,}165$ A).

Nach dem Tillerschen Mechanismus können diese Spannungen abgebaut werden, indem sich im Grenzgebiet zwischen zwei Zellen (Gebiet des Konzentrationsgradienten) Versetzungen bilden, welche im Idealfall in einer Versetzungswand angeordnet sind. Die resultierende Versetzungsdichte α pro Längeneinheit läßt sich unter der Voraussetzung, daß die Spannungen vollständig abgebaut werden und daß die Versetzungen in der Wand kreuzgitterartig angeordnet sind, berechnen. So ist

$$\alpha = \frac{1}{d} - \frac{1}{d + \Delta d} \cong \frac{\Delta d}{d^2}$$

Mit dem gemessenen Wert für Δd erhält man für α etwa 530 Versetzungen pro cm. Bei einer genaueren Prüfung der Doppelkristallaufnahmen sind in der Tat diese von Tiller postulierten Versetzungswände als eine Hintereinanderreihung von Versetzungen im Übergangsgebiet der Zellen festzustellen. Bei der mit einem Pfeil gekennzeichneten Versetzungswand in Abb. 39 beträgt α ca. 300 cm^{-1}, so daß eine relativ gute Übereinstimmung mit dem berechneten und bei vollständigem Spannungsabbau maximal möglichen Wert besteht.

Die mittlere Versetzungsdichte N pro Flächeneinheit erhält man aus α und der Kantenlänge a der als Quadrate betrachteten Zellen (vgl. Abb. 38). Es ist $N = 2\,\alpha/a$; mit $a = 3{,}8 \cdot 10^{-2}$ cm und dem aus Δd berechneten Wert für α ergibt sich N zu $1{,}5 \cdot 10^4$ cm^{-2}. Um die totale Versetzungsdichte von Kristallen aus technisch reinem Kupfer zu erhalten, ist zu N die Versetzungsdichte, welche durch Oberflächenbeschädigung verursacht

wird (ca. 10^4 cm^{-2}) zu addieren, so daß man einen Wert von $2{,}5 \cdot 10^4$ cm^{-2} erhält, der nur geringfügig unter dem gemessenen Wert von $(3 \div 5) \cdot 10^4$ cm^{-2} liegt.
Die gemessene und berechnete Versetzungsdichte in Kristallen aus technisch reinem Kupfer ist also gegenüber Einkristallen aus Reinstkupfer nur geringfügig erhöht. Bei einer nachfolgenden Glühbehandlung wird sie durch Annihilation so stark reduziert, daß Bridgman-Kristalle ihrer Perfektion nicht mehr zu unterscheiden sind. Der Fremdatomeinfluß auf die Versetzungsentstehung ist infolgedessen bisher sicherlich überschätzt worden.
Auf Grund der elektronenmikroskopischen und röntgenographischen Untersuchungen ist bei den Bridgman-Kristallen aus Reinstkupfer mit Sicherheit (Mikrotomschnitt) und bei den Czochralski-Kristallen mit großer Wahrscheinlichkeit anzunehmen, daß die auf elektropolierten Flächen beobachteten Löcher als Hohlräume (voids) im Kristall enthalten sind. Diese sind ebenflächig und vermutlich durch Würfelflächen und höher indizierte Flächen begrenzt. Eine genaue Indizierung der Facetten ist noch nicht erfolgt (die Untersuchungen stehen in ihrem Anfangsstadium); doch hatten bisher alle in Czochralski-Kristallen untersuchten scharfkantigen Löcher eine polyedrische Form (die Kristallfläche in Abb. 52 ist um etwa 8° gegen die [100]-Fläche geneigt.
Facettierte Löcher wurden bisher nur in abgeschreckten Proben beobachtet, so in Aluminium von Kiritani [61] sowie in Kupfer, Silber und Gold von Clarebrough, Humble und Loretto [62]. In einer sehr umfassenden Arbeit zeigen diese Autoren, daß sowohl die Volumendichte der Löcher wie auch die Orientierung der Begrenzungsflächen stark von der Art des Gases abhängt, unter dem der Abschreckvorgang erfolgte. Der Durchmesser des größten im Kupfer beobachteten Loches betrug 0,2 μ. Die Entstehung dieser Löcher wird auf Leerstellenkondensation zurückgeführt, wobei die Art der gelösten Gasatome die Facettenorientierung bestimmt.
Auch bei den von uns beobachteten Hohlräumen wird man auf Grund ihrer geometrischen Form und auch der Beobachtung, daß ihre Volumendichte mit abnehmender Versetzungsdichte größer wird, den Leerstellenmechanismus für ihre Entstehung verantwortlich machen müssen. Zwar ist der Durchmesser der Löcher um mehr als eine Größenordnung höher als in abgeschreckten Metallen; doch ist zu bedenken, daß die Zahl der Leerstellensenken in den nahezu perfekten Kristallen sehr klein und die »Abschreckgeschwindigkeit« beim Kristallwachstum gleichfalls sehr gering ist. (Punktartige Defekte in versetzungsarmen Kupfer- und Aluminium-Kristallen wurden röntgenographisch auch von Young [63] bzw. von Nøst [64] entdeckt; allerdings werden diese Defekte von den Autoren als Versetzungsschleifen interpretiert.)
Die Volumendichte der Löcher ist bisher nicht genau bekannt (der an Hand von lichtmikroskopischen und röntgenographischen Aufnahmen bestimmte Wert ist sicherlich zu groß, da die Löcher beim Elektropolieren, selbst wenn die Facetten bereits abgetragen sind, noch lange als abgerundete Vertiefungen erhalten bleiben). Bei Czochralski-Kristallen wird sie zwischen $6 \cdot 10^5$ cm^{-3} und $1 \cdot 10^5$ cm^{-3} liegen. Aus der Gleichgewichtskonzentration der Leerstellen am Schmelzpunkt $c = 1{,}9 \cdot 10^{-4}$ und mit einem mittleren Lochradius von 2,5 μ läßt sich der Bruchteil der kondensierten Leerstellen berechnen. Er beträgt für den oberen Wert der Volumendichte ca. 10% und für den unteren Wert ca. 1%. Das Einzugsgebiet der Leerstellen für jeweils ein Loch hat einen Radius von etwa 30 μm, ist also um eine Größenordnung kleiner als der mittlere Versetzungsabstand bei einer Versetzungsdichte von 10^3 cm^{-2}.
Eine quantitative Behandlung der Kinetik der Lochbildung, basierend auf der Leerstellendiffusionsgeschwindigkeit und den im Kristall befindlichen Leerstellensenken (Versetzungen, Oberfläche), wurde noch nicht durchgeführt. Hierdurch sollte zu entscheiden sein, welche der folgenden Möglichkeiten vorliegt: a) Löcher dieser Größe

können sich überhaupt nicht durch Leerstellenkondensation bilden, b) sie entstehen während des Kristallziehens, c) sie bilden sich beim Abkühlen des gezogenen Kristalls.

Die Natur und Entstehung der Löcher auf elektropolierten Flächen von Kristallen aus technisch reinem Kupfer ist bisher ungeklärt. Ihr Aufbau ist wesentlich komplizierter. Sicherlich handelt es sich auch bei ihnen nicht um zufallsbedingte, beim Polieren entstandene Oberflächendefekte (Artefacte), da ihre geometrische Anordnung den Mikroseigerungen eindeutig zuzuordnen ist. Dafür spricht auch die Tatsache, daß bei abnehmendem Reinheitsgrad des Kupfers die Flächendichte der Löcher zunimmt.

Wir sind z. Z. der Meinung, daß die in den Kristallen enthaltenen Hohlräume durch Leerstellenkondensation an heterogenen Keimen (Einschlüsse) entstehen. Keime dieser Art sind sehr wahrscheinlich auch die Ursache für die Lochbildung beim Elektropolieren.

Bezüglich der Art der Defekte, nicht jedoch ihrer Größe, ähneln sich Czochralski-Kristalle und abgeschreckte Kristalle in weiterer Hinsicht. Charakteristisch für beide sind die sog. hakenförmigen Versetzungen. Als Ursache des zickzackförmigen Verlaufs sind drei Möglichkeiten in Betracht zu ziehen: a) die Versetzung ist in der geknickten Lage durch Fremdpartikel submikroskopischer Größe verankert, b) die hakenförmige Form ist die Gleichgewichtsform (geringstmögliche Energie einer Versetzung zwischen zwei vorgegebenen Verankerungspunkten; bei geradlinigem Verlauf wäre infolge der Richtungsabhängigkeit in einem elastisch antisotropen Material die Energie der Versetzung größer), c) die Versetzung enthält supergroße Sprünge. Die Möglichkeit a) ist auszuschließen. In diesem Fall würden gezackte Versetzungen eher in Bridgman-Kristallen, insbesondere in solchen aus technisch reinem Kupfer zu erwarten sein. Der Fall b) wäre zwar möglich, da die diskutierte Versetzung (Abb. 45) in einer [111]-Ebene, also in einer möglichen Gleitebene liegt. Doch sprechen zwei Argumente gegen diese Möglichkeit. Nach einer Untersuchung von Head [65] ist in kubisch flächenzentrierten Metallen die elastische Anisotropie gering, so daß zumindest bei Raumtemperatur keine Zickzackform zu erwarten ist. Außerdem ist nicht anzunehmen, daß in abgeschreckten Kristallen, für welche die gehakte Form als typisch angesehen werden muß (Abb. 49), die Gleichgewichtslage der Versetzungen erreicht ist. Vielmehr spricht gerade die Kinetik eines Abschreckvorganges mit vergleichsweise geringer Abschreckgeschwindigkeit (Produktion eines Leerstellenüberschusses bei genügend großer Beweglichkeit der Leerstellen während einer relativ langen Zeit) für die Entstehung von Sprüngen (Fall c). Die geringe Zahl im Kristall vorhandener Leerstellensenken könnte auch hier u. U. die sehr hohe Sprunghöhe von Versetzungen in den Czochralski-Kristallen erklären. Unter der Voraussetzung, daß die Versetzung in Abb. 45 Sprünge enthält, lassen sich die jeweils unterschiedlichen Gleitebenen der Versetzungsstücke *a* und *b* sowie ihr gemeinsamer Burgers-Vektor *b* bestimmen. Da die Spur der Gleitebene parallel zur beobachtbaren Versetzungsrichtung sein muß, ergibt sich für die Versetzungsstücke *a* die $[\bar{1}11]$- und für die Stücke *b* die $[\bar{1}11]$-Ebene als Gleitebene. Der zu beiden Gleitebenen gehörende Burgers-Vektor der Versetzung wäre $b = 1/2\ [110]$.

Auch das unterschiedliche Ätzverhalten von verschieden schnell gezogenen Kristallbereichen (Abb. 48) kann nur auf Punktfehler zurückgeführt werden. Da röntgenographisch kein Unterschied in der Gitterkonstanten festgestellt wurde, beträgt die rel. Gitterkonstantendifferenz zwischen beiden Bereichen maximal $2 \cdot 10^{-6}$ (das Ätzverhalten reagiert also sehr empfindlich auf Unterschiede in der Gitterkonstanten, die durch Punktfehler bedingt sind). Sie wird verursacht entweder durch eine unterschiedliche Konzentration von Fremdatomen (Geschwindigkeitsabhängigkeit des Segregationskoeffizienten) oder von Leerstellen. Die zweite Möglichkeit würde sich möglicherweise in einer Abhängigkeit der Volumendichte der Löcher von der Ziehgeschwindigkeit bemerkbar machen.

Das Czochralski-Verfahren bietet zweifellos die günstigsten Voraussetzungen zur Herstellung von hochperfekten Metalleinkristallen. Insgesamt gesehen sind die Ergebnisse dennoch unbefriedigend: 1. kann sich die Versetzungsdichte von Kristall zu Kristall bei gleichen Wachstumsparametern um drei Größenordnungen ändern, 2. war eine eindeutige Abhängigkeit von den Wachstumsbedingungen nicht festzustellen. Es ist daher anzunehmen, daß die Versetzungsdichte von einem Mechanismus kontrolliert wird, der nicht von den Wachstumsbedingungen abhängt. Leerstellenkondensation mit nachfolgender Schleifenbildung, Mikroseigerungen und Oberflächenindentation sind daher als Ursachen der Versetzungen auszuschließen. Für die Wirksamkeit dieser Mechanismen wurden auch keinerlei Anzeichen festgestellt.

Wir nehmen daher an, daß die Struktur des polykristallinen Impflings maßgeblich die Versetzungsdichte des Czochralski-Kristalls bestimmt. Untersuchungen haben ergeben, daß die Versetzungsdichte in den Kristalliten von geglühten Impflingen stark schwankt und einen Bereich von 10^4 bis $10^6\,cm^{-2}$ umfaßt. Andererseits hat der Kristallit, der infolge der Wachstumsauslese schließlich allein zum Kristall weiterwächst, nur selten die Optimal-Orientierung (nach DASH [11] die [100]- und [111]-Richtung), bei der das »Herauswachsen« der Versetzungen aus der Oberfläche auf kürzestem Wege erfolgt. Eine gewisse, von Versuch zu Versuch variierende Anzahl von Versetzungen kann daher trotz Verjüngung den massiven Kristall erreichen und im Übergangsgebiet multipliziert werden. Die hierzu erforderlichen Spannungen sind sicherlich als thermische Spannungen vorhanden. Diese entstehen immer, wenn der wachsende Kristall seinen Durchmesser ändert; infolge der Krümmung der Phasengrenze (vgl. Abschnitt 3a) wird ein radialer Temperaturgradient erzeugt, der eine mittlere Spannung von $\sigma = \alpha \cdot E \cdot \Delta T$ bewirkt (α linearer thermischer Ausdehnungskoeffizient, E Elastizitätsmodul, ΔT Temperaturdifferenz zwischen Achse und Oberfläche des Kristalls). Die Größenordnung von σ kann aus dem Verlauf der gekrümmten Phasengrenze in Abb. 48 abgeschätzt werden. Mit der Kalottenhöhe $z_1 = 0{,}5$ mm der Phasengrenze und dem achsialen Temperaturgradienten (vgl. Abschnitt 3a)

$$\frac{\partial T}{\partial z} \cong \frac{T_L - T_M}{h_{\|}} = 2{,}5\,^\circ\mathrm{C/mm}$$

erhält man

$$\Delta T \cong \left(\frac{\partial T}{\partial z}\right) \cdot Z_1 = 1{,}25\,^\circ\mathrm{C}$$

Die durch diese Temperaturdifferenz erzeugte Spannung beträgt etwa $\sigma = 300\ \mathrm{p/mm^2}$ ($\alpha = 2 \cdot 10^{-5}\ 1/\mathrm{grd}$, $E = 12000\ \mathrm{kp/mm^2}$), überschreitet also weit die Multiplikationsspannung. Diese Überlegungen zeichnen den Weg auf, systematisch versetzungsfreie Kupfereinkristalle herzustellen. Hierzu ist es erforderlich, von versetzungsarmen Impflingen mit [100]-Orientierung auszugehen. Der Kristallhals ist möglichst lang und mit einem wesentlich kleineren Durchmesser als bisher zu ziehen. Eine besondere Bedeutung ist dem Übergang zum massiven Kristall zuzumessen. Die hier entstehenden thermischen Spannungen können vermindert werden, wenn die radiale Wachstumsgeschwindigkeit, die zur Erreichung des Enddurchmessers erforderlich ist, wesentlich reduziert wird.

Die Entstehung der in den Kristallen beobachteten Hohlräume, sowie der Löcher auf elektropolierten Flächen ist unserer Ansicht nach zu vermeiden, wenn als Ausgangsmaterial Kupfer wesentlich höherer Reinheit verwendet würde.

In neuerer Zeit durchgeführte Kristallzüchtungsversuche mit einkristallinen Impflingen haben folgendes ergeben [66, 67]:

1. Bei Verwendung von [100]-orientierten Impflingen (Versetzungsdichte zwischen 0 und 10^5 cm^{-2}) sind die Einkristalle reproduzierbar versetzungsfrei (Ziehgeschwindigkeit 6 cm/h, Züchtung bei 5×10^{-6} Torr).
2. Gitterdefekte werden durch folgende ungünstige Wachstumsbedingungen verursacht: a) bei [110]-Impflingorientierung oder bei Züchtung unter Wasserstoff entstehen Subgrenzen, b) bei Züchtung unter verunreinigtem Argon (5×10^{-4} Torr) entstehen prismatische Schleifen um Cu_2O-Einschlüsse, c) Mikroseigerungen (Zellstruktur) werden bei 60 cm/h Ziehgeschwindigkeit beobachtet.
3. Die versetzungsfreien Kristalle enthalten drei Arten von Gitterdefekten: a) Leerstellen-Cluster (Volumendichte: 10^6 cm^{-3}), b) Poren, c) eine bisher nicht identifizierte Art von Gitterdefekten, die bei der Elektropolitur auf der Kristalloberfläche Löcher erzeugen.

Zusammenfassung

Die vorliegende Arbeit hatte zum Ziel, Verfahren zur Herstellung substrukturfreier Kupfer-Einkristalle mit geringer Versetzungsdichte zu entwickeln. Für die Entstehung der Versetzungen beim Kristallwachstum aus der Schmelze können nach Ansicht verschiedener Autoren mehrere Mechanismen verantwortlich gemacht werden.

Bei dem üblicherweise zur Züchtung von Kupferkristallen angewandten Bridgman-Verfahren im harten Tiegel werden, wie röntgenographische Voruntersuchungen ergaben, die hohen resultierenden Versetzungsdichten von 10^6 bis 10^7 cm^{-2} im wesentlichen durch die Wechselwirkung des wachsenden Kristalls mit der Tiegelwand verursacht. Diese konnte durch die Anwendung eines »weichen« Tiegelverfahrens weitgehend ausgeschaltet werden. Bei dieser Methode ist der Kristall von Graphitpulver umgeben, wobei sich durch geeignete Bearbeitung des Rohlings die unterschiedlichsten Kristallformen herstellen lassen.

Einkristalle mit wesentlich geringeren Versetzungsdichten wurden mit dem Czochralski-Verfahren gezogen. Es zeigte sich, daß hierbei die Kristallgeometrie im wesentlichen durch den zeitabhängigen Verlauf der Schmelzentemperatur gegeben ist. Diese beeinflußt im starken Maße den Kristalldurchmesser. So verursacht eine Temperaturänderung der Schmelze um $\pm 1\,°C$ eine Durchmesseränderung von $\pm 5\%$. Mit Hilfe einer programmsteuerbaren Vorrichtung zur Regelung der Schmelzentemperatur (absolute Regelabweichung $= \pm 0{,}15\,°C$) können Einkristalle zylindrischer Form aus der Schmelze gezogen werden.

Die Kristalle wurden in Hinblick auf ihre Perfektion mit röntgenographischen Verfahren (Berg-Barrett, Doppelkristall, Lang) untersucht. Die Anwendung dieser Methoden erforderte zuvor die Entwicklung von Präparationsverfahren zum Zerschneiden der Kristalle, Planen und Polieren der Schnittflächen, zur Folienherstellung und zum Kleben der Kristallproben, wobei diese Verfahren so beschaffen sein mußten, daß der Kristall auch nicht geringsten mechanischen Beanspruchungen ausgesetzt wurde.

Die Entwicklung dieser Präperationsverfahren erforderte viel Zeit und Sorgfalt, da jeder Präperationsschritt so beschaffen sein muß, daß der Kristall keinerlei mechanischen

Beanspruchungen ausgesetzt ist. Denn geringste mechanische Verspannungen verursachen eine beträchtliche Erhöhung der Versetzungsdichte.

Die Untersuchung der im weichen Tiegel nach BRIDGMAN hergestellten Kristalle aus 5 N Kupfer ergab, daß ihre Versetzungsdichte ca. 10^4 cm^{-2} beträgt. Sie sind frei von Subgrenzen. Einkristalle aus Kupfer technischer Reinheit haben nur geringfügig erhöhte Versetzungsdichten (ca. $5 \cdot 10^4$ cm^{-2}), sind substrukturfrei, weisen jedoch röntgenographisch und elektrochemisch beobachtbare Mikroseigerungen auf.

Mit dem Czochralski-Verfahren gelang erstmalig die Herstellung von versetzungsfreien Kupfereinkristallen, und zwar reproduzierbar mit einkristallinen [100]-orientierten Impflingen kleiner Versetzungsdichte. Bei der Verwendung von polykristallinen Impflingen hat die überwiegende Zahl der Kristalle jedoch Versetzungsdichten von $10^2 \div 10^3$ cm^{-2}.

Alle untersuchten Kristalle enthalten im Inneren Poren mit einem mittleren Durchmesser von ca. 3 μm und einer Porendichte von 10^6 cm^{-3}, die vermutlich durch Leerstellenkondensation verursacht werden.

Die Entstehung der Versetzungen beim Czochralski-Verfahren wird zurückgeführt auf das Weiterwachsen der im Impfling enthaltenen Versetzungen, wobei die thermische Spannung, die im Stadium des radialen Wachstums entsteht, deren Multiplikation verursachen kann.

Literaturverzeichnis

[1] Gilman, J. J. (Editor), The Art and Science of Growing Crystals, New York, London 1963.
[2] Zief, M., und W. R. Wilcox, Fractional Solidification, New York 1967.
[3] Seeger, A., in Hdb. der Physik VII/2, Berlin, Göttingen, Heidelberg 1958, S. 111.
[4] Young, F. W., und J. R. Savage, J. Appl. Phys. **35**, 1917 (1964).
[5] Dyer, C. D., J. Appl. Phys. **36**, 301 (1965).
[6] Chyung, C. K., und W. E. Taylor, J. Appl. Phys. **35**, 731 (1964).
[7] Porbansky, E. M., Trans. AIME, **230**, 925 (1964).
[8] Petroff, P., und J. Washburn, J. Appl. Phys. **37**, 4987 (1966).
[9] Elbaum, C., Phil. Mag. **6**, 1227 (1961).
[10] Nøst, B., Phil. Mag. **11**, 183 (1965).
[11] Dash, W. C., J. Appl. Phys. **30**, 459 (1959).
[12] Okkerse, B., Philips Technical Rev. **21**, 340 (1959/60).
[13] Steinemann, A., und U. Zimmerli, in: »Crystal Growth«, Proceedings of an International Conference on Crystal Growth Boston 1966, Oxford, Edinburgh (1967), S. 81.
[14] Elbaum, C., Phil. Mag. **5**, 669 (1960).
[15] Marukawa, K., J. Phys. Soc. Japan, **22**, 499 (1967).
[16] Schäfer, S., Phys. stat. sol. **14**, 297 (1967).
[17] Schoeck, G., und W. A. Tiller, Phil. Mag. **5**, 43 (1960).
[18] Jackson, K. A., Phil. Mag. **7**, 1117 (1962).
[19] Doherty, P. E., und R. S. Davis, Acta Met. **7**, 118 (1959).
[20] Peibst, H., Z. Phys. Chem. **223**, 193 (1963).
[21] Albon, N., Phil. Mag. **8**, 1335 (1963).
[22] Friedel, J., Dislocations, Pergamon Press, Oxford–London etc., (1964).
[23] Abrahams, M. S., und A. Dreeben, J. Appl. Phys. **36**, 1688 (1965).
[24] Barnes, R. S., und D. J. Mazey, Acta Met. **11**, 281 (1963).
[25] Prohaszka, J., Acta Met. **11**, 125 (1963).
[26] Hurle, D. T., in R. Chalmers (Ed.): Progress in Materials Science, Vol. 10, New York (1963), S. 79.
[27] Tiller, W. A., J. Appl. Phys. **30**, 459 (1959).
[28] Uelhoff, W., Diplomarbeit Münster, 1960.
[29] Bonse, U., E. Kappler und W. Uelhoff, Phys. stat. sol. **3**, K 355 (1963).
[30] Geist, D., und P. Grosse, Z. Angew. Phys. **14**, 105 (1962).
[31] Heywang, W., Z. Naturforsch. **11a**, 238 (1956).
[32] Abbink, F., Diplomarbeit Münster, 1966.
[33] Uelhoff, W., Dissertation Münster, 1963.
[34] Truxal, J. G., Entwurf automatischer Regelsysteme, Wien 1960.
[35] Wilcox, W. R., und L. D. Fullmer, J. Appl. Phys. **36**, 2201 (1965).
[36] Hurle, D. T. J., Phil. Mag. **13**, 305 (1966).
[37] Young, F. W., J. Appl. Phys. **32**, 1815 (1961).
[38] Young, F. W., Crystal Growth, Oxford 1967, S. 789–800.
[39] McGuire, T. R., und R. T. Webb, Rev. Sci. Instr. **20**, 962 (1949).
[40] Maddin, R., und W. R. Asher, Rev. Sci. Instr. **21**, 881 (1950).
[41] Fallier, Ch., Rev. Sci. Instr. **32**, 342 (1961).
[42] Armstrong, R. W., und R. A. Rapp, Rev. Sci. Instr. **29**, 433 (1958).
[43] Young, F. W., und T. R. Wilson, Rev. Sci. Instr. **32**, 559 (1961).
[44] Wayson, A. R., Rev. Sci. Instr. **32**, 967 (1961).
[45] Hunt, W. D. u. a., J. Sci. Instr. **44**, 230 (1967).
[46] Bonse, U., E. te Kaat und E. Kappler, J. Sci. Instr. **42**, 631 (1965).
[47] Fourdeux, A., und A. Wronski, Brit. J. Appl. Phys. **14**, 218 (1963).
[48] Shanefield, D., und E. W. Currier, Rev. Sci. Instr. **35** (1964).

[49] Fehmer, D., E. Kappler und W. Uelhoff, Phys. Verhandl. 1968, S. 121.
[50] Kohlrausch, F., Praktische Physik, Bd. 1, Leipzig 1950, S. 104.
[51] W. Y. McG. Tegart, The Electrolytic and Chemical Polishing of Metals in Research and Industry, London, Oxford etc. 1956 und 1959.
[52] Berg, W., Naturwiss. **19**, 391 (1931).
[53] Barrett, C. S., Trans. AIME **161**, 15 (1945).
[54] James, R. W., The Optical Principles of the Diffraction of x-rays, London 1950.
[55] Bonse, U., und E. Kappler, Z. Naturforsch. **13a**, 348 (1958).
[56] Lang, A. R., J. Appl. Phys. **29**, 597 (1958).
[57] Batterman, B. W., und H. Cole, Rev. Mod. Phys. **36**, 681 (1964).
[58] Young, F. W., und J. R. Savage, J. Appl. Phys. **33**, 1917 (1964).
[59] Evans, K. R., und W. F. Flanagan, Phil. Mag. **14**, 1131 (1966).
[60] Jackson, K. A., Phil. Mag. **7**, 1615 (1962).
[61] Kiritani, M., J. Phys. Soc. Japan **19**, 618 (1964).
[62] Clarebrough, L. M. et al., Acta Met. **15**, 1005 (1967).
[63] Young, F. W., Int. Conf. Electron Diffraction Nature Defects, Melbourne, 1965.
[64] Lohne, O., und B. Nøst, Phil. Mag. **16**, 341 (1967).
[65] Head, A. K., Phys. stat. sol. **19**, 185 (1967).
[66] Fehmer, H., Dissertation Münster, 1971.
[67[Fehmer, H., W. Uelhoff, Vortrag auf der 3. Internationalen Konferenz für Kristallwachstum in Marseille, 1971.

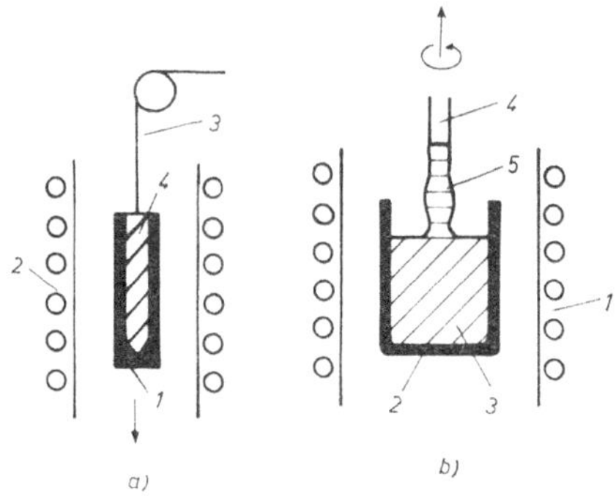

Abb. 1 a) Bridgman-Verfahren (1 Tiegel, 2 Rohrofen, 3 Aufhängung, 4 Schmelze)
b) Czochralski-Verfahren (1 Induktionsspule, 2 Tiegel, 3 Schmelze, 4 Zugspindel, 5 Kristall)

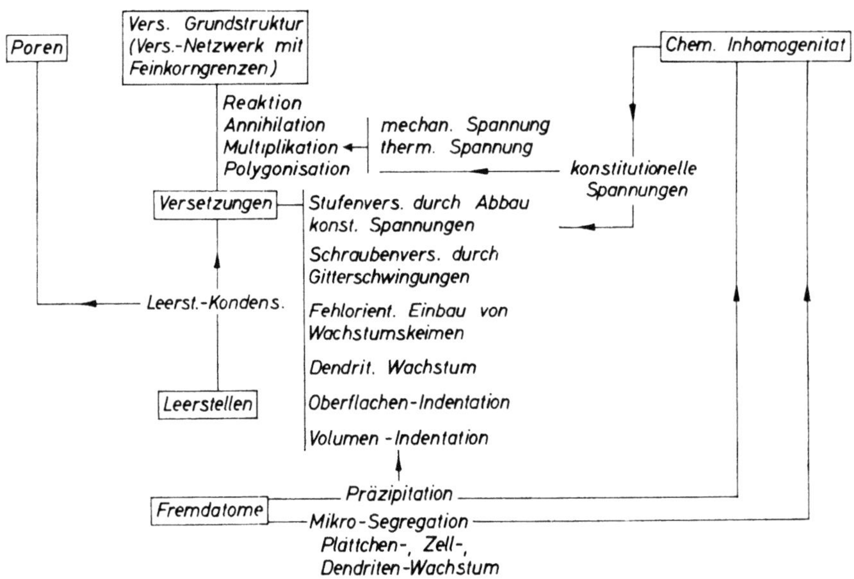

Abb. 2 Mögliche Mechanismen zur Entstehung von Gitterfehlern

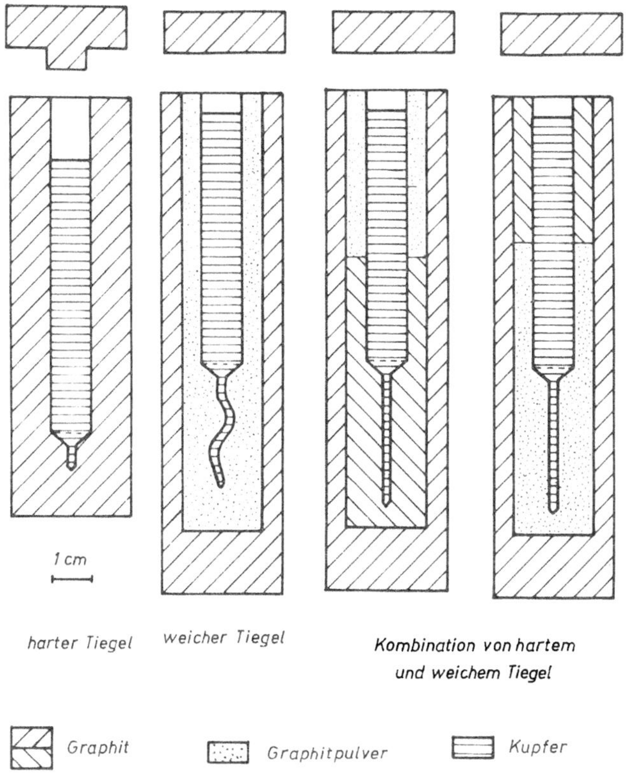

Abb. 3 Tiegel beim Bridgman-Verfahren

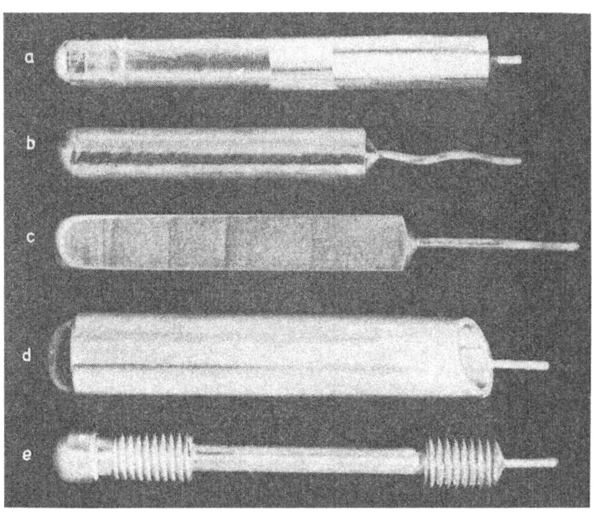

Abb. 4 Bridgman-Kristalle verschiedener Formen
a) Dreikristall, Spitzenlänge 5 mm; b) Einkristall, 10 mm ∅, S-förmige Spitze;
c) Einkristall, 10 mm ∅, gerade Spitze; d) Einkristallrohr;
e) Einkristall mit angezüchteten Gewindeansätzen

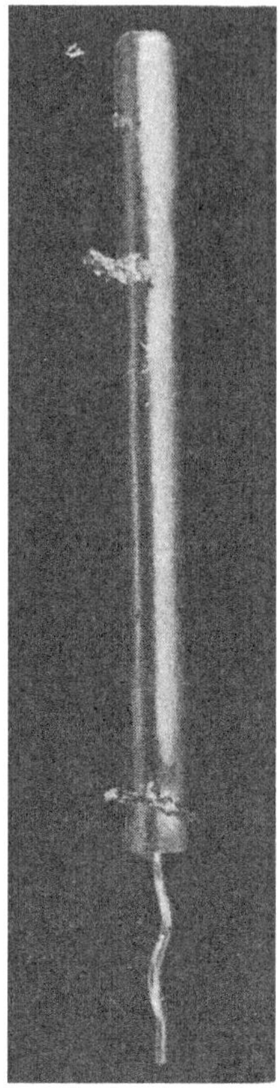

Abb. 5 Einkristall aus technisch reinem Kupfer

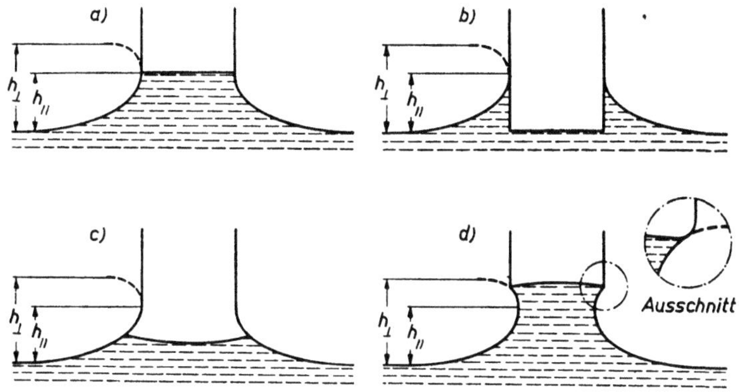

Abb. 6 Die möglichen Schmelzzonen beim Czochralski-Verfahren (nach GEIST und GROSSE [30])
a) konstanter Querschnitt; b) Eintauchen des Impflings;
c) wachsender Querschnitt; d) schrumpfender Querschnitt

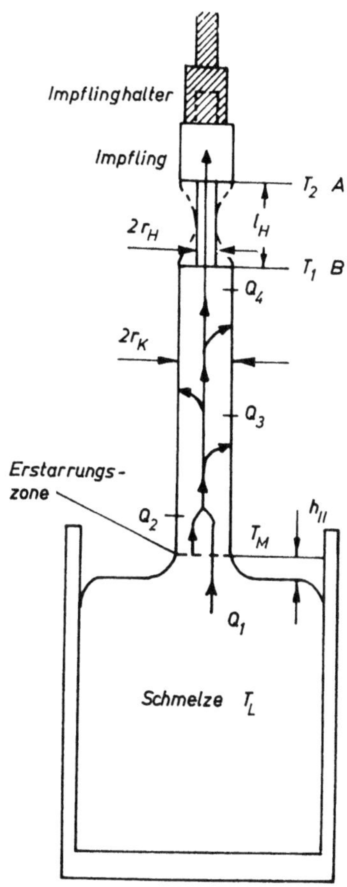

Abb. 7 Zur Wärmebilanz beim Czochralski-Verfahren

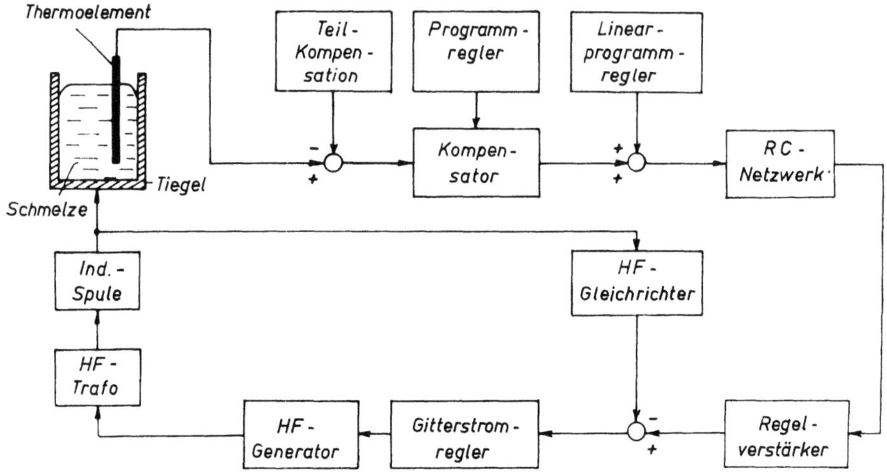

Abb. 8 Blockschaltbild der Temperaturregelung

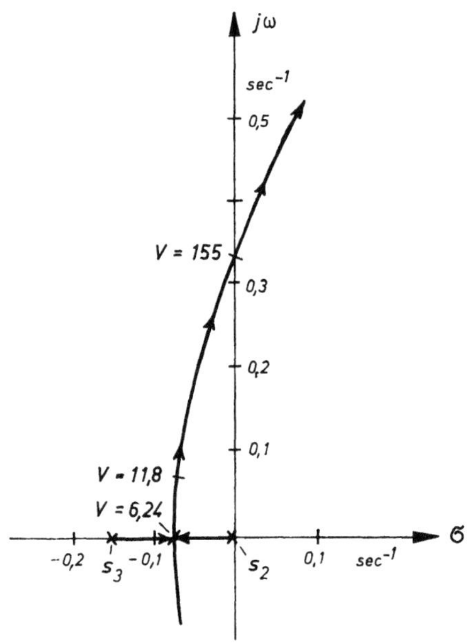

Abb. 9 Wurzelortskurve des unkompensierten Systems ($s_2 = p_I$, $s_3 = p_{\mathrm{Th}\,1}$) Eingezeichnet nur der Ast, der die krit. Verstärkung bestimmt (gemessene krit. Verstärkung: 178)

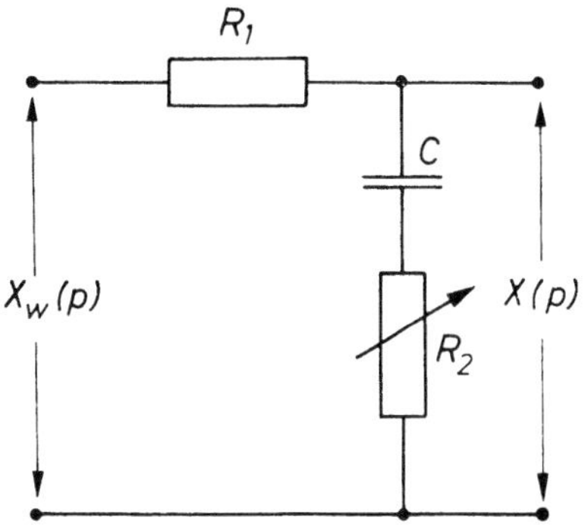

Abb. 10 Kompensations-Netzwerk
(Dimensionierung: $R_1 = 1$ MΩ, $C = 1210$ μF, $R_2 = 0 \div 100$ kΩ)

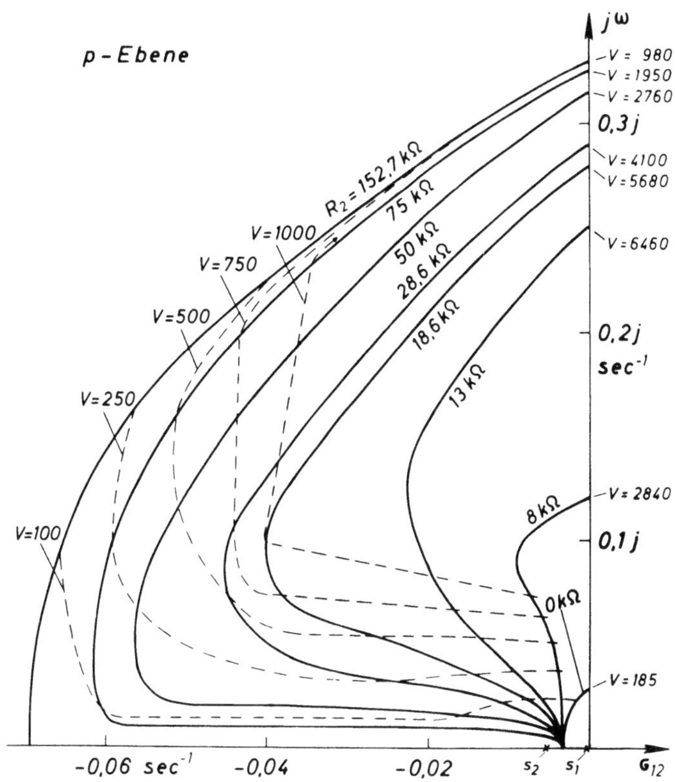

Abb. 11 Wurzelortskurven (durchgezeichnet) und Orstkurvenäste konstanter Verstärkung (strichliert) des kompensierten Systems für verschiedene R_2-Werte ($s_1 = p_I$; $s_2 = p_T$) Eingezeichnet nur die Äste, welche die krit. Verstärkung bestimmen

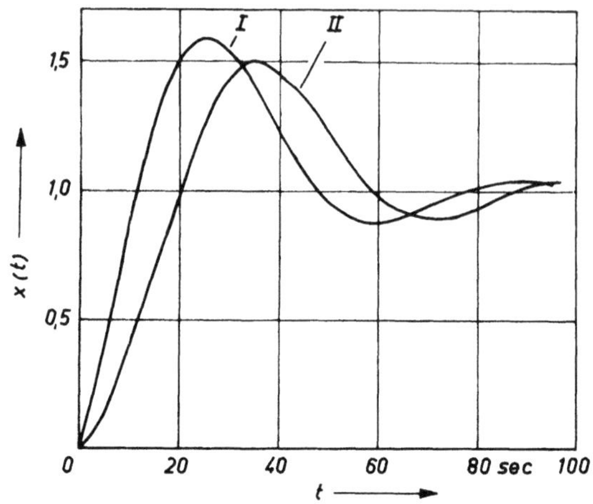

Abb. 12a Berechnete (I) und gemessene (II) Systemantwort auf einen Einheitssprung für $V = 1000$ und $R_2 = 18{,}6\ \mathrm{k\Omega}$

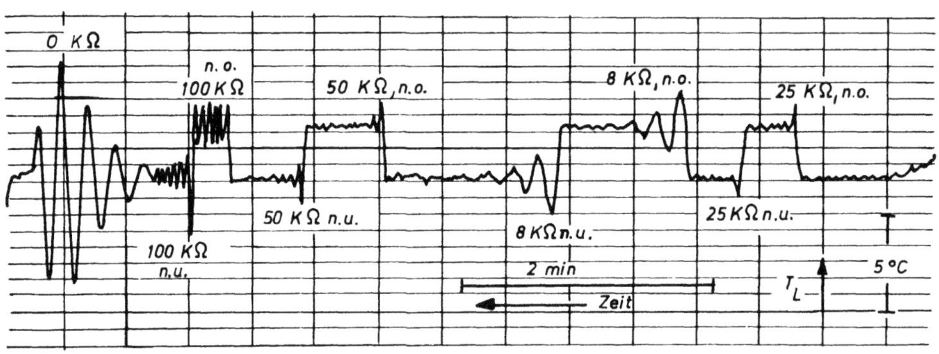

Abb. 12b Gemessene Sprungantworten für verschiedene R_2-Werte

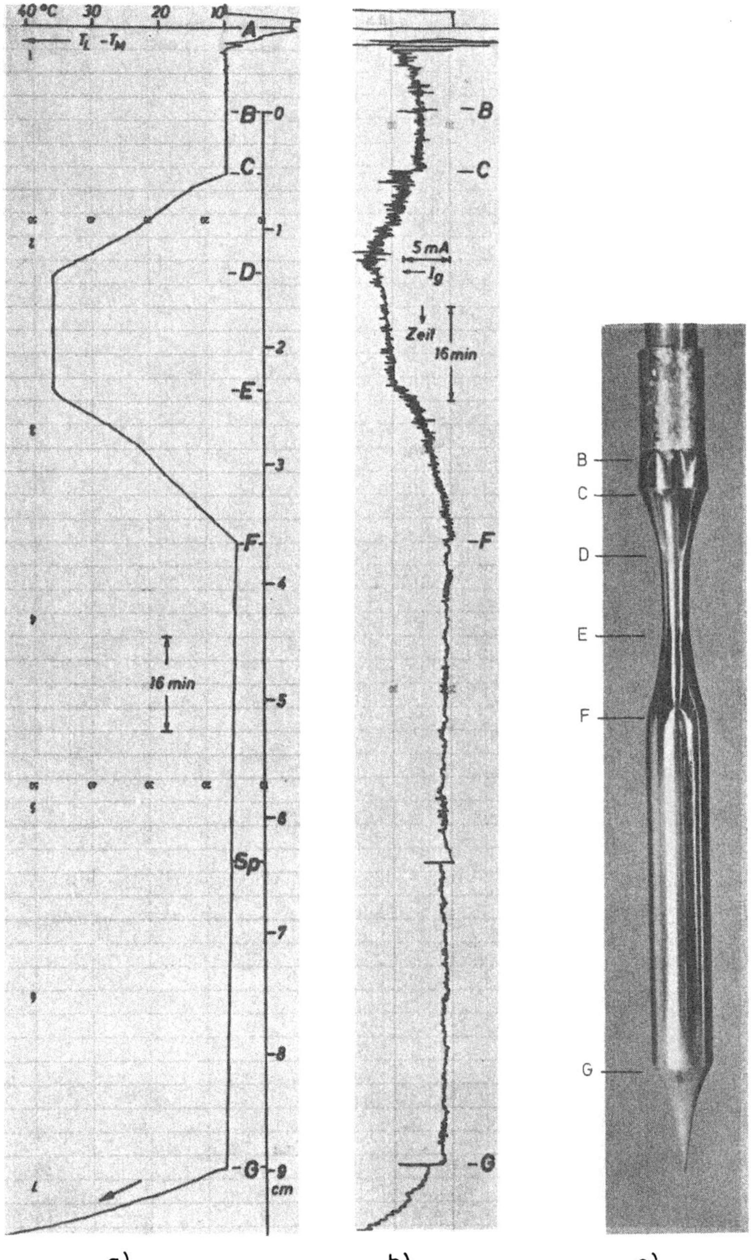

Abb. 13 Temperaturdiagramm (a) und Gitterstromdiagramm (b) eines Ziehprozesses mit zugehörigem Kristall (c)

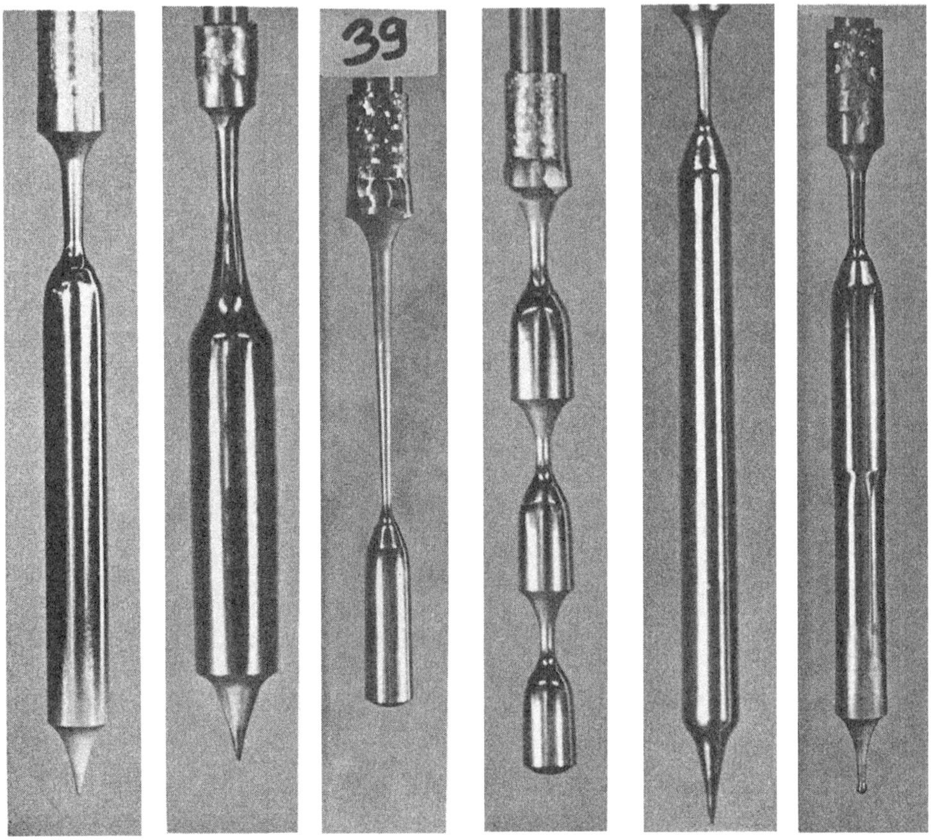

a) b) c) d) e) f)

Abb. 14 Czochralski-Einkristalle, bei unterschiedlichen Versuchsbedingungen gezogen (Impflingdurchmesser 10 mm)

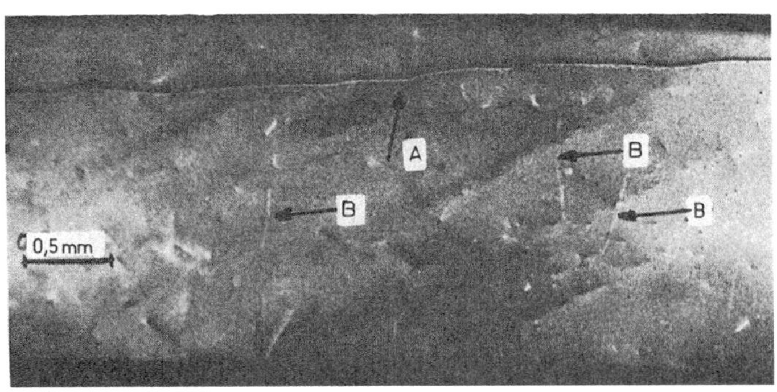

Abb. 15 Versetzungsentstehung beim Überstreichen des Kristalls mit einem Pinsel (Doppelkristall-Aufnahme)
Starke Störung bei A, schwächere bei B

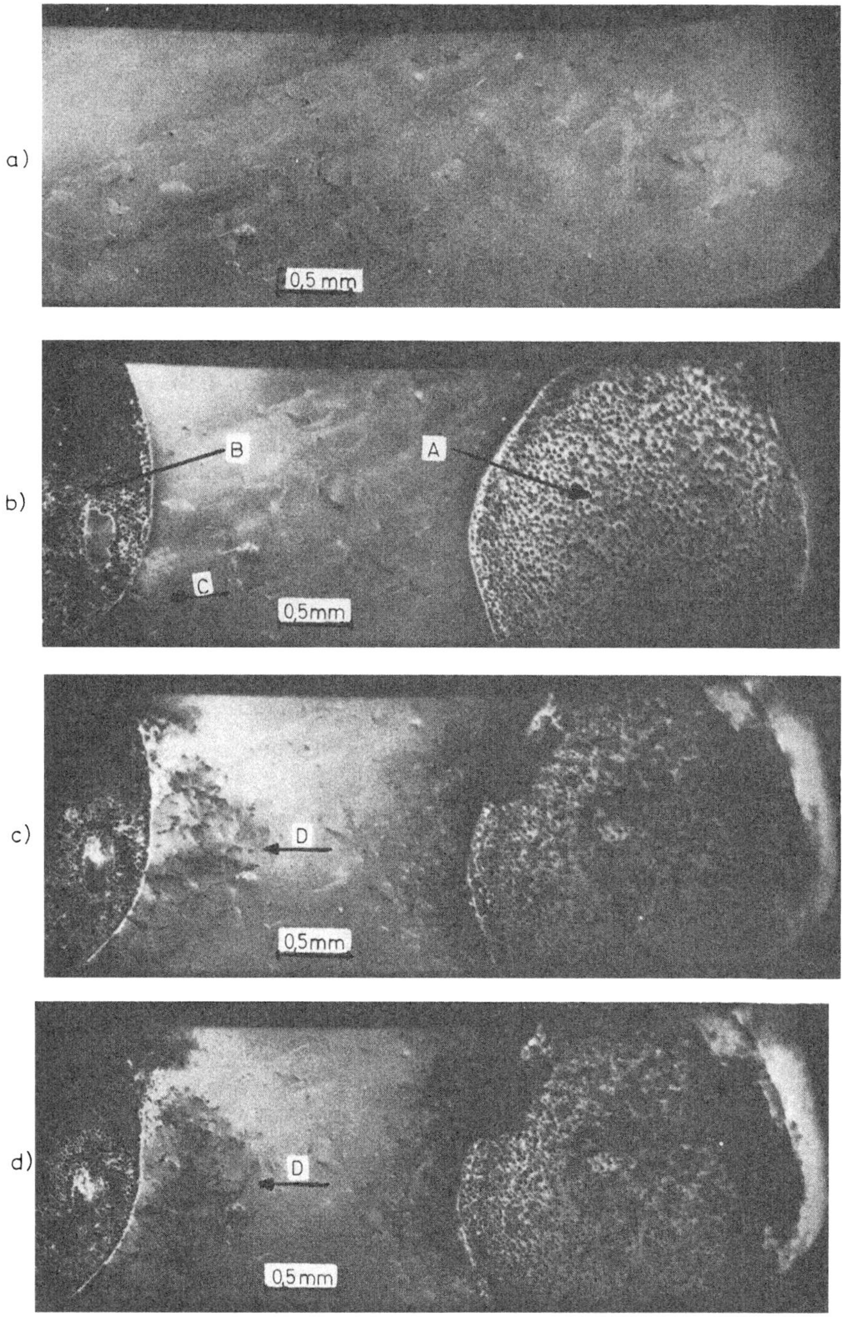

Abb. 16 Versetzungsentstehung in der Umgebung einer Klebstelle (Doppelkristall-Aufnahme)
a) Ausgangszustand, b) 2 Stunden nach dem Aushärten des Tropfens (bei A), c) nach 2 Tagen, d) nach 10 Tagen

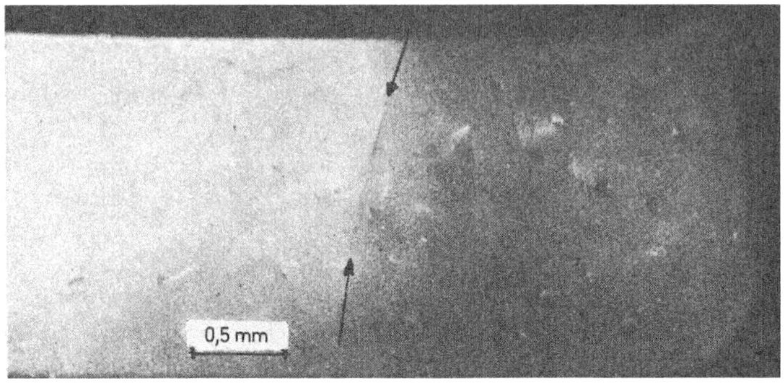

Abb. 17 Spannungsfreie Klebung mit hochviskosem Fett
Weder unterhalb des Fett-Tropfens (links der Pfeile) noch in der Umgebung sind Versetzungen entstanden (Doppelkristall-Aufnahme)

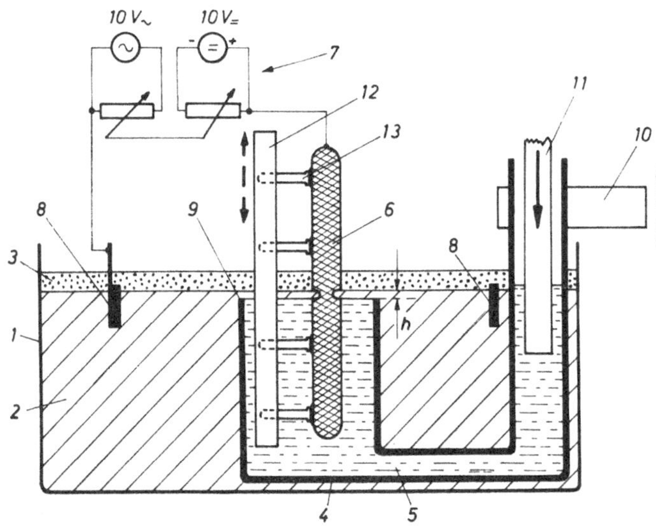

Abb. 18 Elektrolytschicht-Säge

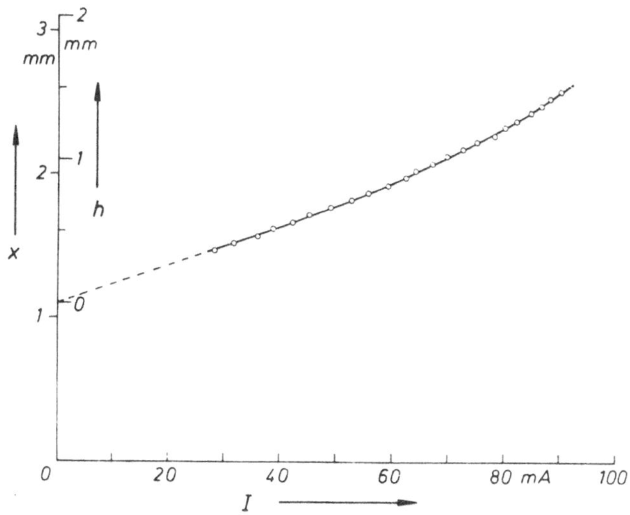

Abb. 19 Abhängigkeit des Gleichstroms I von der Elektrolytschichthöhe *h* (Kristalldurchmesser 10 mm)
Der Nullpunkt der *h*-Skala wird bestimmt, indem I als Funktion der Verschiebung *x* des *U*-Rohres gemessen und auf Null extrapoliert wird.

Abb. 20 Silhouette eines teilweise angeschnittenen Kristalls
Breite des tiefer reichenden Schnittes ca. 0,9 mm

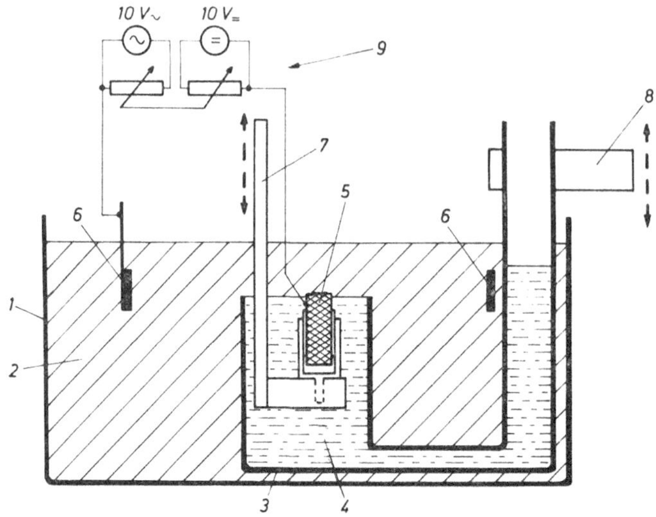

Abb. 21 Apparatur zum elektrolytischen Planen

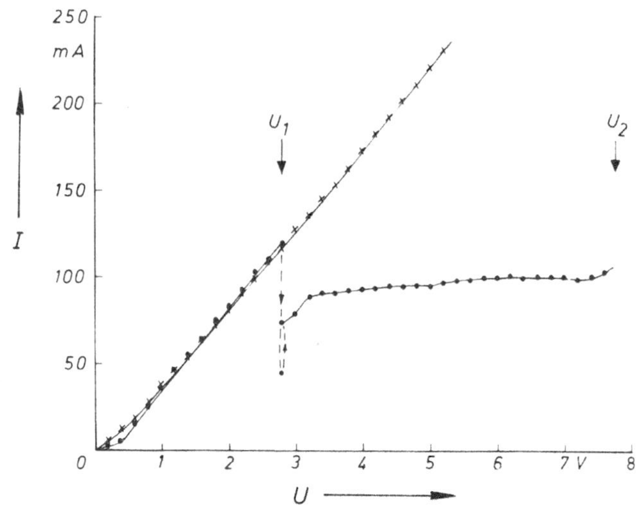

Abb. 22 Strom-Spannungskurve beim elektrolytischen Planen (Probendurchmesser 10 mm)
a) Probenoberfläche nach oben gerichtet; Plateau und Einebnungseffekt zwischen U_1 und U_2. Mechanische Passivierung vermutlich durch Cu_2O
b) Probenoberfläche nach unten gerichtet; keine Einebnung

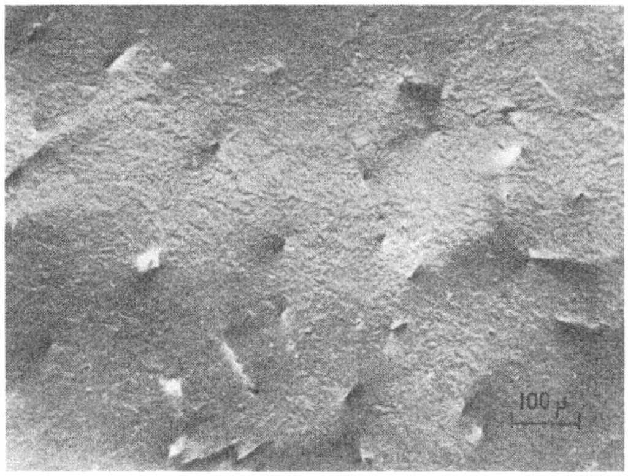

Abb. 23 Ätzgeometrie einer geplanten Oberfläche mit eingewachsenen Versetzungen (Czochralski-Kristall, Doppelkristall-Aufn.)

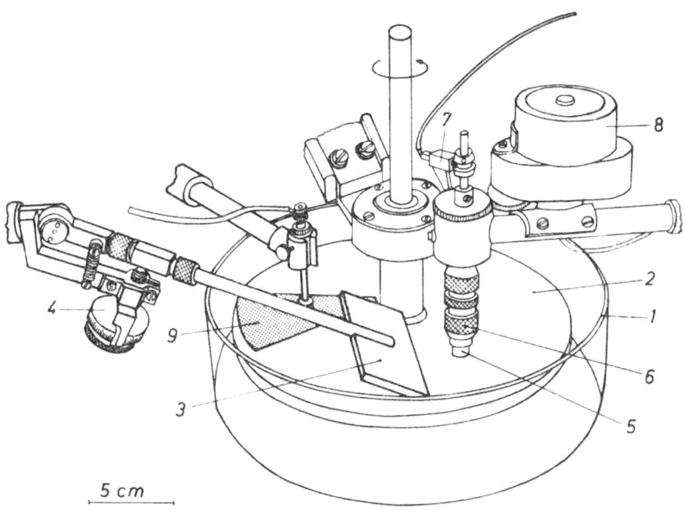

Abb. 24 Poliermaschine. Aufbau der Polierzelle

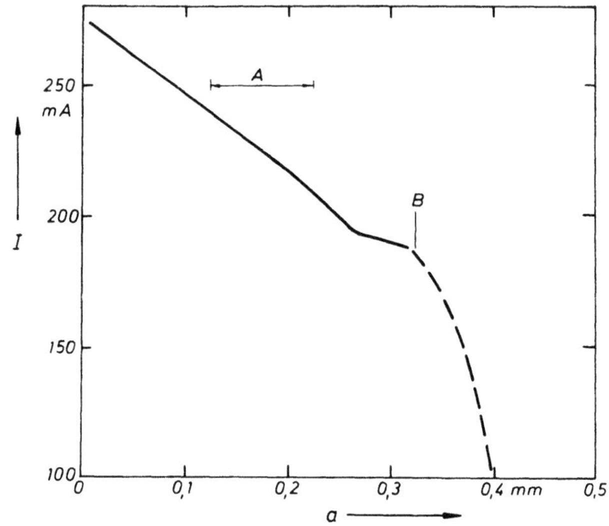

Abb. 25 Der Polierstrom I in Abhängigkeit vom Abstand *a* Anode–Kathode
Der Arbeitsbereich ist durch den Doppelpfeil A gekennzeichnet
Der Knick bei B wird durch eine bei größeren Abständen nur noch partielle Benetzung der Probe verursacht

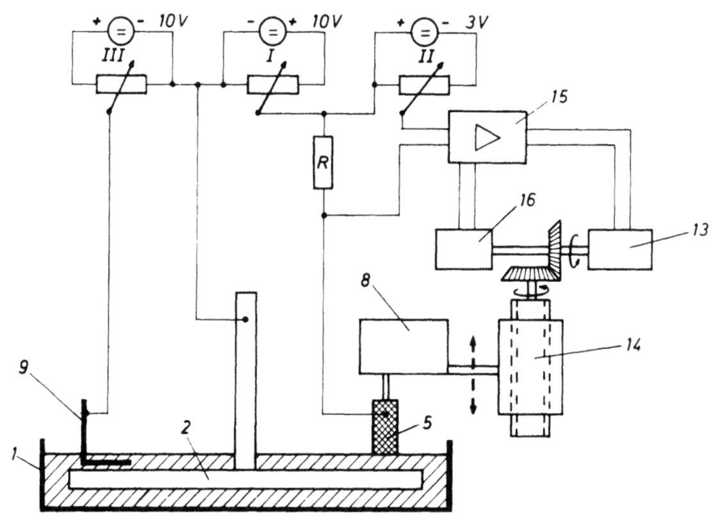

Abb. 26 Stromversorgung und Abstandsregelung

Abb. 27 Poliermaschine. Gesamtaufbau

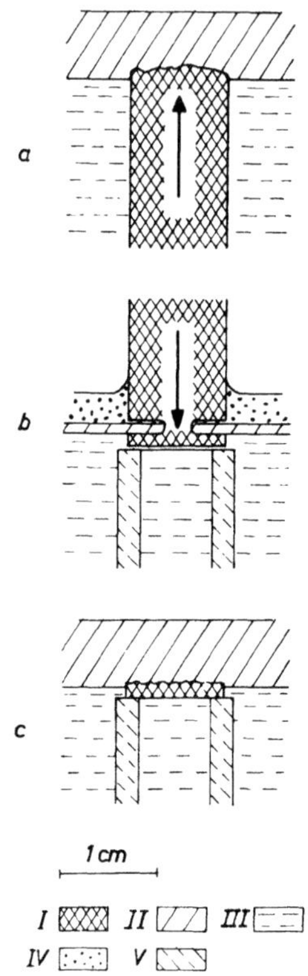

Abb. 28 Abschneiden und Planen einer Kristallscheibe
a) 1. Schritt: Planen einer Kristallfläche
b) 2. Schritt: Abschneiden einer Scheibe
Die geplante Fläche ist nun nach unten gerichtet
c) 3. Schritt: Planen der im 2. Schritt erzeugten Schnittfläche
Schraffuren: I Kristall, II Elektrolyt, III Tetra, IV Petroleum, V Scheibenhalter

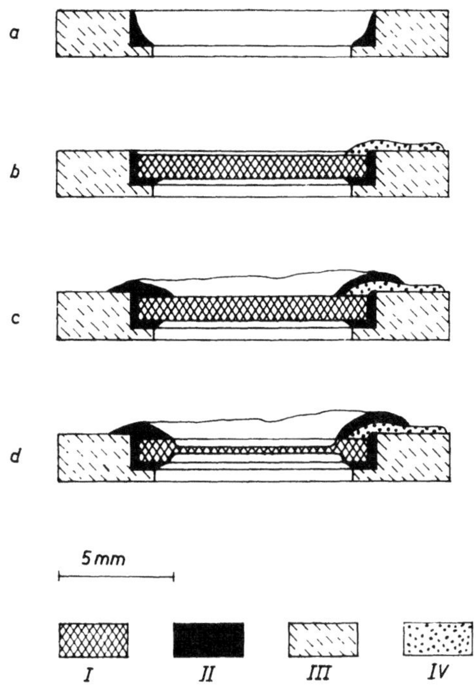

Abb. 29 Klebetechnik zur Folienherstellung
a) Scheibenhalter mit Fett bestrichen
b) Scheibe in Ring eingeklebt, mit Argentol kontaktiert
c) Probenperipherie auf der Oberseite mit Fett geschützt
d) dünn polierte Probe
Schraffuren: I Kristallscheibe, II Fett, III Plastik-Ring, IV Argentol

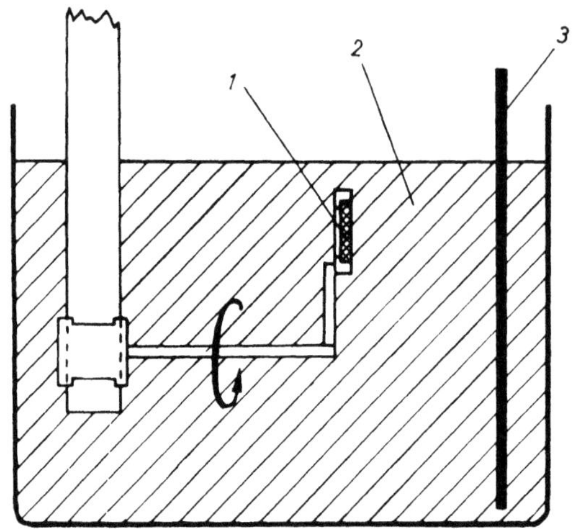

Abb. 30 Vertikalanordnung zum elektrolytischen Dünnen von Scheiben
1) Probe, 2) 50% H_3PO_4, 3) Kathode

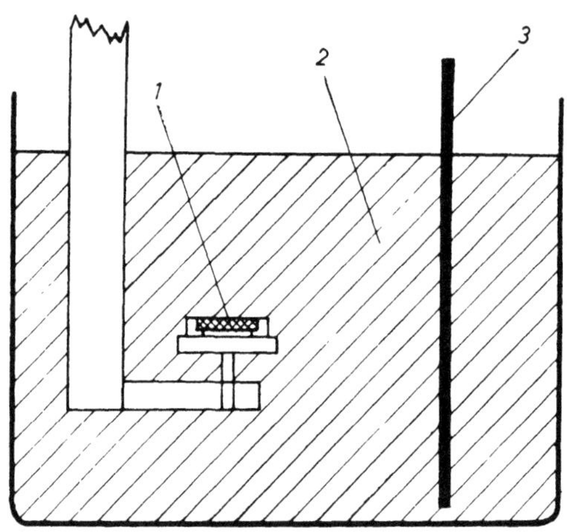

Abb. 31 Horizontalanordnung zum Dünnen. Numerierung wie in Abb. 30

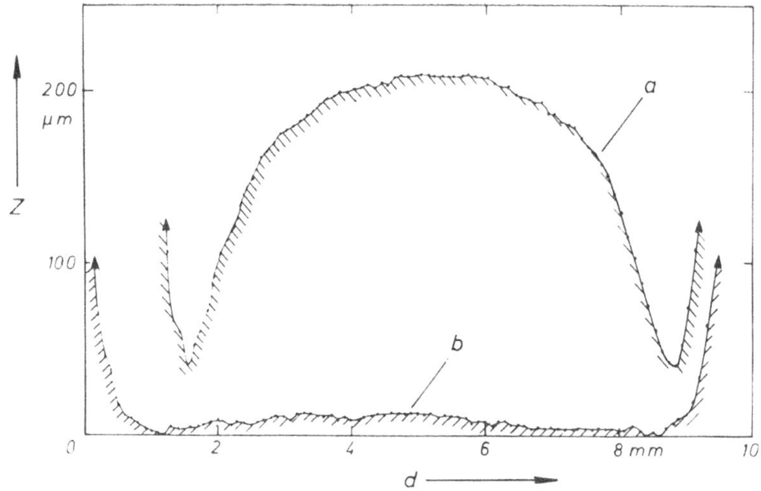

Abb. 32 Oberflächenprofile von zwei Folien
a) Scheibe gedünnt in vertikaler Anordnung
b) Scheibe gedünnt in horizontaler Anordnung (Meßfehler $\pm 2\,\mu$)

Abb. 33 Fertige Probe, eingesetzt in die Halterung für Durchstrahlungsaufnahmen

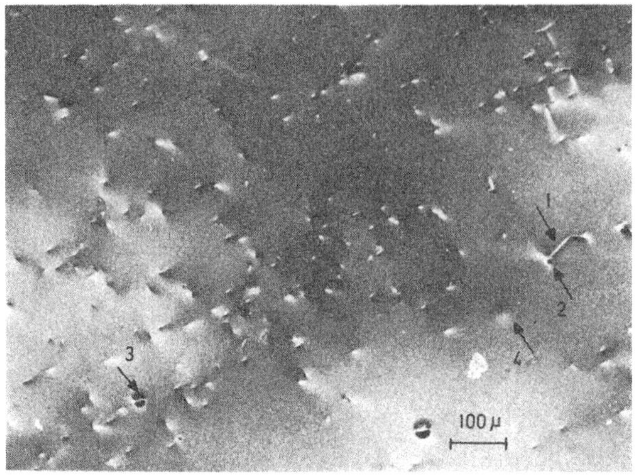

Abb. 34 Bridgman-Kristall, V.-Dichte 1,4 · 10^4 cm^{-2} (Querschnitt, D.K.-Aufn. 50 +)

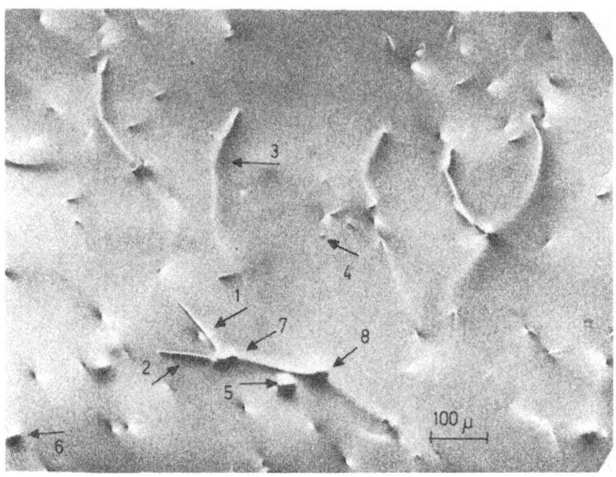

Abb. 35 Bridgman-Kristall, V.-Dichte 7 · 10^3 cm^{-2} (Querschnitt, D.K.-Aufn. 50 —)
1 und 2 gerade Versetzungen, 3 gebogene Versetzung, 4 Einschluß, 5 und 6 Löcher, 7 und 8 Löcher an Versetzungen

a)

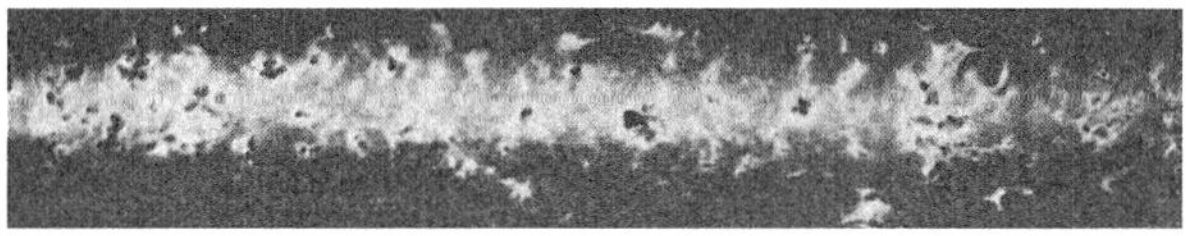

b)

Abb. 36 Kristalloberflächen (B.-B.-Aufnahmen)
a) weicher Tiegel, Kristallbereich links im Bild um 50 μ abgeätzt
b) harter Tiegel

a)

b)

Abb. 37 Einkristallspitze, gerade (B.-B.-Aufnahmen)
a) unterer Spitzenbereich
b) Spitzenbereich vor Übergang zum massiven Kristall
Pfeil kennzeichnet Erstarrungsrichtung

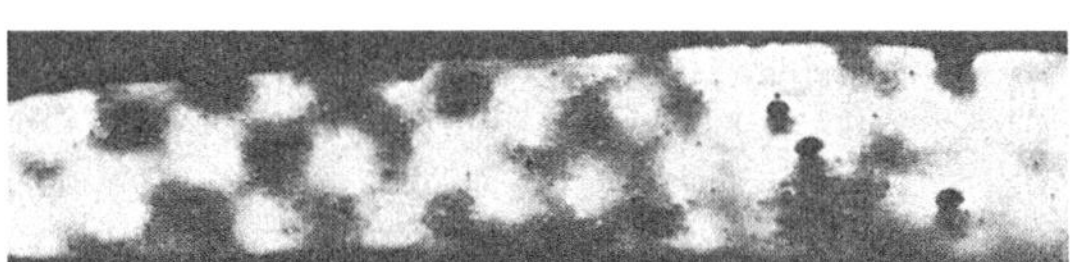

a)

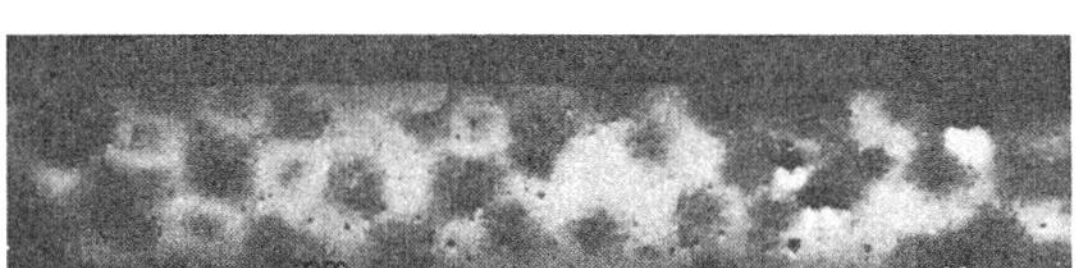

b)

Abb. 38 Zellstruktur in Einkristall aus techn. reinem Kupfer,
Querschnitt, D.K.-Aufnahmen
a) bei 50 +, b) bei 50 —

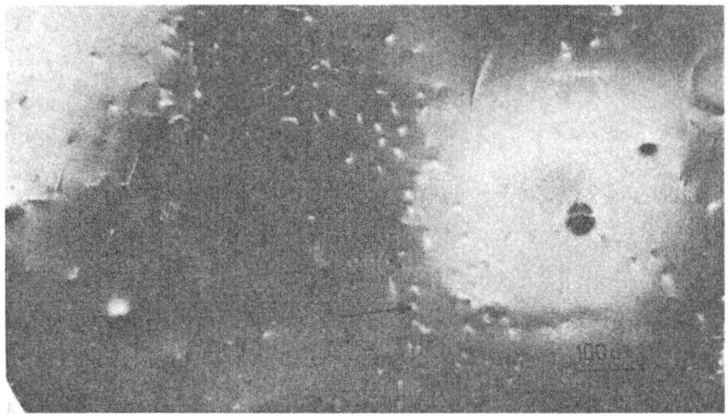

Abb. 39 Ausschnitt aus Abb. 38b. Versetzungswand bei 1

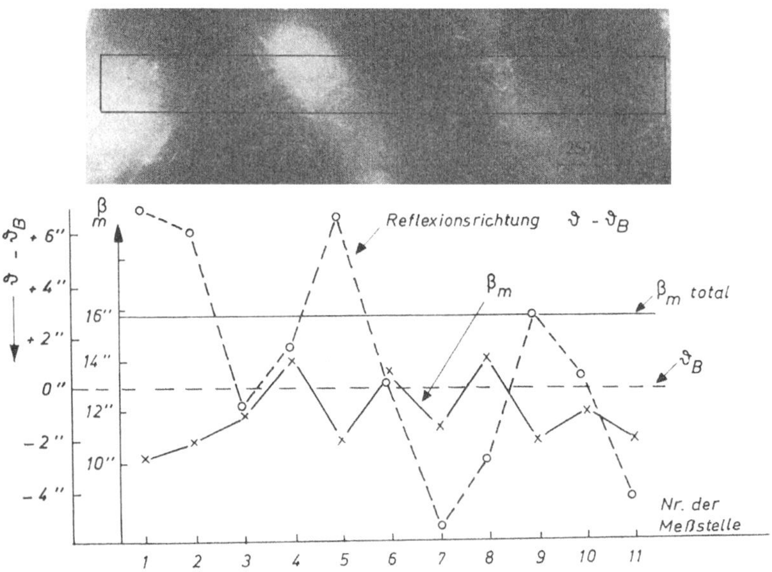

Abb. 40 Lokale Messung der Verschiebung $\vartheta - \vartheta_B$ und der Halbwertsbreite β_m der Rocking-Kurve
Die Lage der Meßstellen ist in die D.K.-Aufnahme (10 —) eingezeichnet
Kristall-Längsschnitt
ϑ_B und $\beta_{m,\,\mathrm{total}}$ Lage und Halbwertsbreite des gesamten ohne Mikroblende gemessenen Reflexes

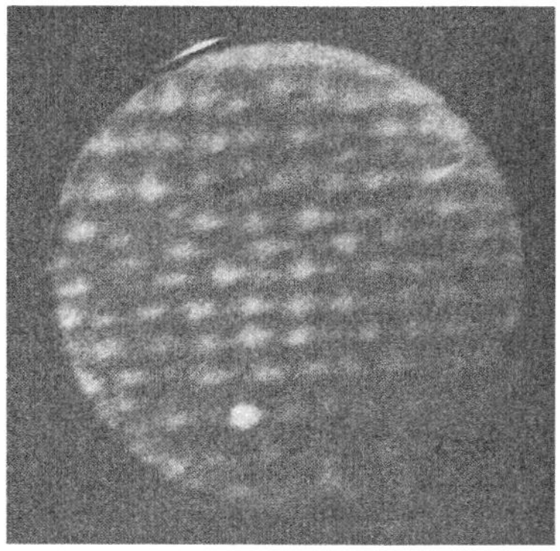

Abb. 41 Zellstruktur im Ätzbild. Gesamter Kristallquerschnitt

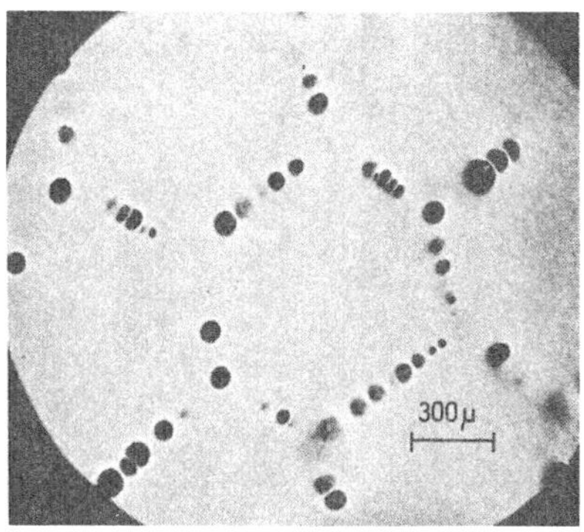

Abb. 42 Hexagonalanordnung der Löcher in Kristallen mit Zellstruktur

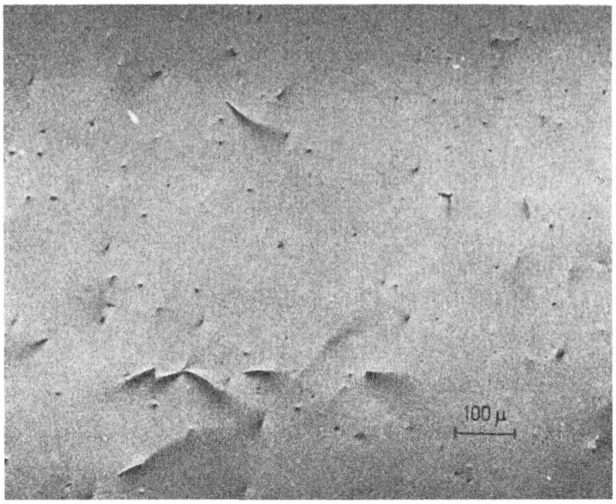

Abb. 43 D.K.-Aufnahme vom Querschnitt eines Czochralski-Kristalls (Versetzungsdichte $1 \cdot 10^3$ cm^{-2})

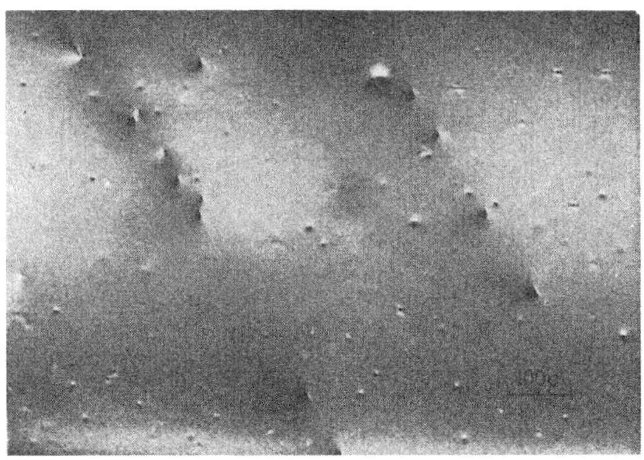

Abb. 44 Czochralski-Kristall mit Versetzungen in Gleitebenen Querschnitt. V.-Dichte $1{,}8 \cdot 10^3$ cm^{-2} (D.K.-Aufn.)

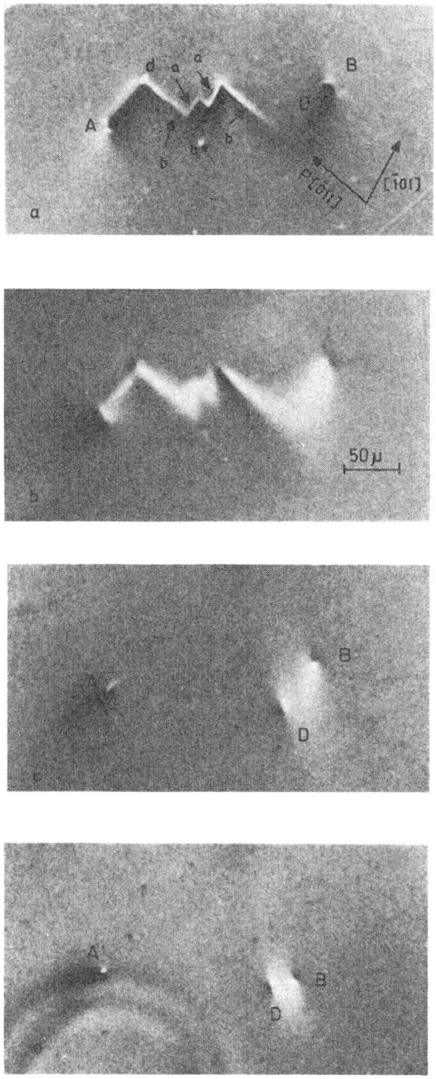

Abb. 45 Zickzackversetzung. D.K.-Aufn. [331]-Reflex
a) vor dem Abpolieren, (+)-Flanke
b) wie a), Probe jedoch 180° um die Oberflächennormale gedreht, (+)-Flanke
c) 3 µ abgetragen, aufgenommen wie a) jedoch (—)-Flanke
d) 6 µ abgetragen, aufgenommen wie c)

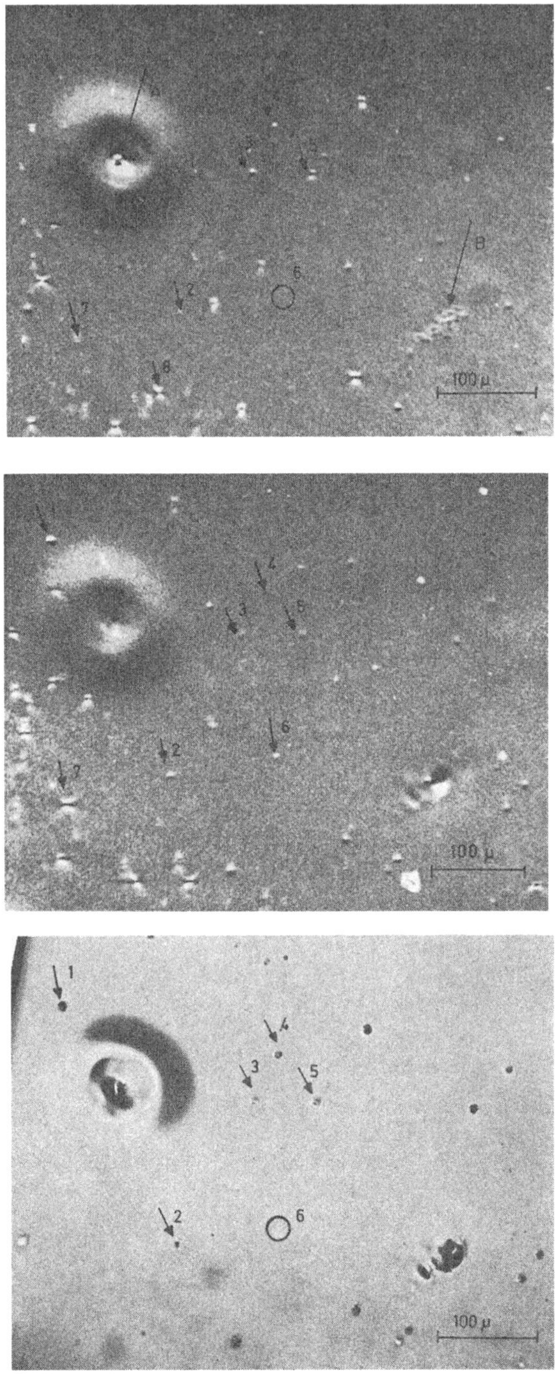

a)

b)

c)

Abb. 46 Versetzungsfreier Kristallquerschnitt mit Löchern und Einschlüssen
a) D.K.-Aufnahme vor dem Abpolieren,
b) D.K.-Aufnahme nach dem Abpolieren von 3 μ,
c) lichtmikroskopische Aufnahme zu b)

Abb. 47 Versetzungsfreie Kristallfolie mit nicht versetzungsartigen Defekten
Lang-Aufnahme (Kupfer-$K\alpha_1$-Strahlung, [111]-Reflex, $\vec{g}$ Reflexionsrichtung)

Abb. 48 Ätzbild von einem Längsschnitt
Dunkler Bereich mit 3 cm/h, heller Bereich mit 12 cm/h gezogen
Ziehrichtung von unten nach oben
Bei 1 Phasengrenze zum Zeitpunkt des Umschaltens,
gekrümmt infolge Querschnittsänderung des wachsenden Kristalls

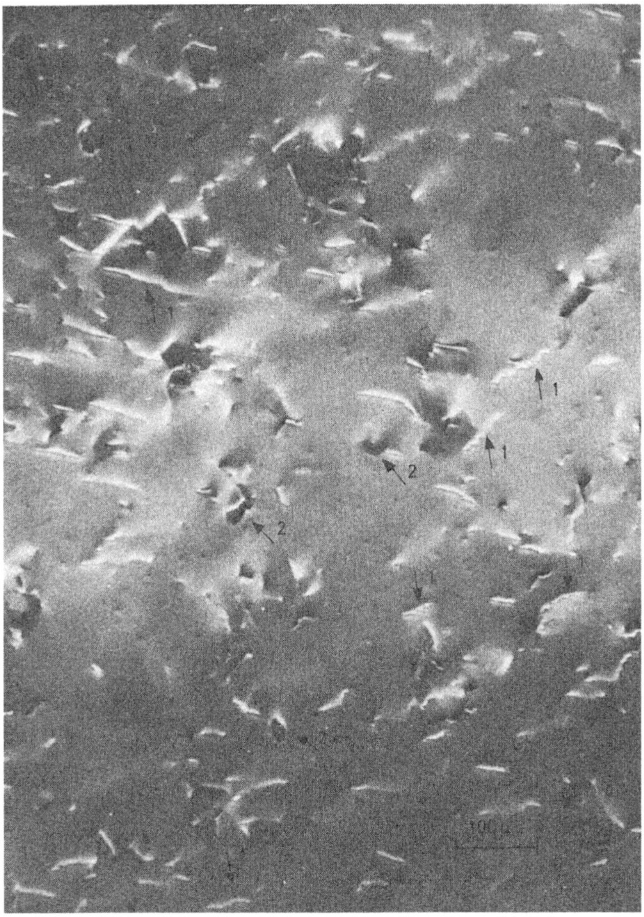

Abb. 49 Abgeschreckter Kristall mit Zickzackversetzungen bei 1 und Versetzungsschleifen bei 2 (D.K.-Aufn.)

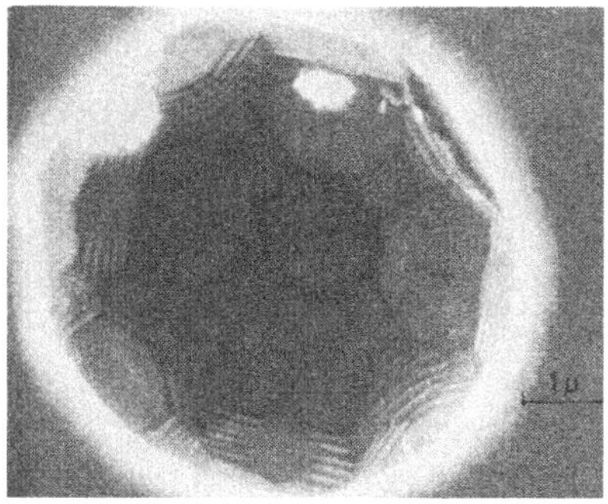

Abb. 50 Facettiertes Loch. Techn. reines Kupfer

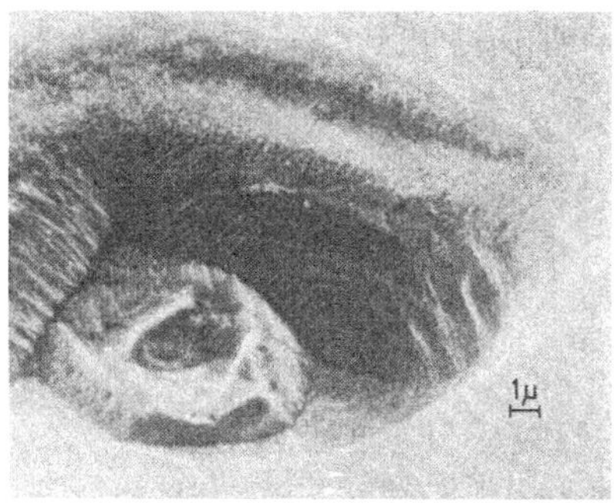

Abb. 51 Unregelmäßig aufgebautes Loch. Techn. reines Kupfer

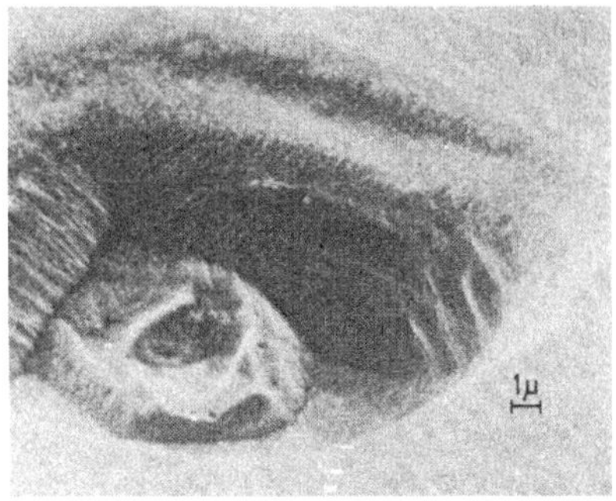

Abb. 52 Loch im Bridgman-Kristall. Reinstkupfer

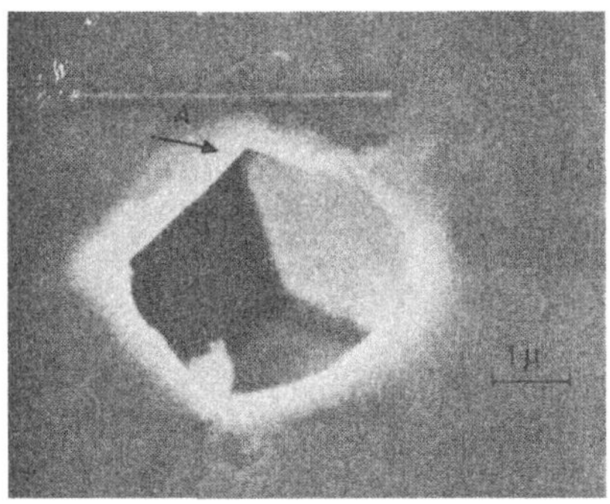

Abb. 53 Offenes Loch. Czochralski-Kristall. Blickrichtung parallel zur Oberflächennormale

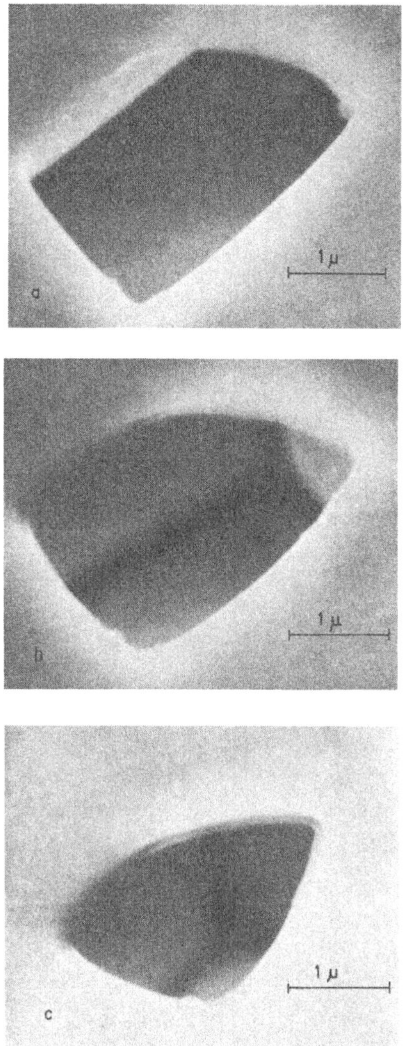

Abb. 54 Teilweise überdecktes Loch. Czochralski-Kristall
Winkel zwischen Blickrichtung und Oberflächennormale bei a) 0°, b) 30°, c) 50°

Forschungsberichte des Landes Nordrhein-Westfalen

Herausgegeben im Auftrage des Ministerpräsidenten Heinz Kühn
vom Minister für Wissenschaft und Forschung Johannes Rau

Sachgruppenverzeichnis

Acetylen · Schweißtechnik
Acetylene · Welding gracitice
Acétylène · Technique du soudage
Acetileno · Técnica de la soldadura
Ацетилен и техника сварки

Arbeitswissenschaft
Labor science
Science du travail
Trabajo científico
Вопросы трудового процесса

Bau · Steine · Erden
Constructure · Construction material · Soilresearch
Construction · Matériaux de construction · Recherche souterraine
La construcción · Materiales de construcción · Reconocimiento del suelo
Строительство и строительные материалы

Bergbau
Mining
Exploitation des mines
Minería
Горное дело

Biologie
Biology
Biologie
Biologia
Биология

Chemie
Chemistry
Chimie
Quimica
Химия

Druck · Farbe · Papier · Photographie
Printing · Color · Paper · Photography
Imprimerie · Couleur · Papier · Photographie
Artes gráficas · Color · Papel · Fotografía
Типография · Краски · Бумага · Фотография

Eisenverarbeitende Industrie
Metal working industry
Industrie du fer
Industria del hierro
Металлообработывающая промышленность

Elektrotechnik · Optik
Electrotechnology · Optics
Electrotechnique · Optique
Electrotécnica · Optica
Электротехника и оптика

Energiewirtschaft
Power economy
Energie
Energía
Энергетическое хозяйство

Fahrzeugbau · Gasmotoren
Vehicle construction · Engines
Construction de véhicules · Moteurs
Construcción de vehículos · Motores
Производство транспортных средств

Fertigung
Fabrication
Fabrication
Fabricación
Производство

Funktechnik · Astronomie
Radio engineering · Astronomy
Radiotechnique · Astronomie
Radiotécnica · Astronomía
Радиотехника и астрономия

Gaswirtschaft

Gas economy
Gaz
Gas
Газовое хозяйство

Holzbearbeitung

Wood working
Travail du bois
Trabajo de la madera
Деревообработка

Hüttenwesen · Werkstoffkunde

Metallurgy · Materials research
Métallurgie · Matériaux
Metalurgia · Materiales
Металлургия и материаловедение

Kunststoffe

Plastics
Plastiques
Plásticos
Пластмассы

Luftfahrt · Flugwissenschaft

Aeronautics · Aviation
Aéronautique · Aviation
Aeronáutica · Aviación
Авиация

Luftreinhaltung

Air-cleaning
Purification de l'air
Purificación del aire
Очищение воздуха

Maschinenbau

Machinery
Construction mécanique
Construcción de máquinas
Машиностроительство

Mathematik

Mathematics
Mathématiques
Matemáticas
Математика

Medizin · Pharmakologie

Medicine · Pharmacology
Médecine · Pharmacologie
Medicina · Farmacología
Медицина и фармакология

NE-Metalle

Non-ferrous metal
Metal non ferreux
Metal no ferroso
Цветные металлы

Physik

Physics
Physique
Física
Физика

Rationalisierung

Rationalizing
Rationalisation
Racionalización
Рационализация

Schall · Ultraschall

Sound · Ultrasonics
Son · Ultra-son
Sonido · Ultrasónico
Звук и ультразвук

Schiffahrt

Navigation
Navigation
Navegación
Судоходство

Textilforschung

Textile research
Textiles
Textil
Вопросы текстильной промышленности

Turbinen

Turbines
Turbines
Turbinas
Турбины

Verkehr

Traffic
Trafic
Tráfico
Транспорт

Wirtschaftswissenschaften

Political economy
Economie politique
Ciencias económicas
Экономические науки

Einzelverzeichnis der Sachgruppen bitte anfordern

Westdeutscher Verlag · Opladen

567 Opladen/Rhld., Ophovener Straße 1–3, Postfach 1620

GPSR Compliance

The European Union's (EU) General Product Safety Regulation (GPSR) is a set of rules that requires consumer products to be safe and our obligations to ensure this.

If you have any concerns about our products, you can contact us on ProductSafety@springernature.com

In case Publisher is established outside the EU, the EU authorized representative is:

Springer Nature Customer Service Center GmbH
Europaplatz 3
69115 Heidelberg, Germany

Batch number: 10584556

Printed by Printforce, the Netherlands